普通高等学校机械工程"十三五"规划教材

机床数控技术

吴艳花　主　编

杜毓瑾　范　敏　副主编

王中任　主　审

中国铁道出版社

CHINA RAILWAY PUBLISHING HOUSE

内 容 简 介

本书以数控机床的工作过程为主线,先后阐述了数控机床的基本概念、数控加工程序编制、数控插补技术、计算机数控系统、数控机床的位置检测装置、数控机床的伺服驱动系统、数控机床的机械结构等内容。

本书内容的编写符合知识理解的逻辑性,各章内容既相互联系,又相对独立成体系;强化基础知识,理论涉及不深且联系实践,重点突出。

本书适合应用型本科院校机电类专业师生使用,也适合高职高专机电类专业使用,亦可供从事机床数控技术的工程技术人员参考。

图书在版编目(CIP)数据

机床数控技术/吴艳花主编. —北京:中国铁道出版社,2017.8

普通高等学校机械工程"十三五"规划教材

ISBN 978-7-113-23416-4

Ⅰ.①机… Ⅱ.①吴… Ⅲ.①数控机床-高等学校-教材 Ⅳ.①TG659

中国版本图书馆 CIP 数据核字(2017)第 171141 号

书　名:**机床数控技术**	
作　者:吴艳花　主编	

策　划:曾露平	读者热线:(010)63550836
责任编辑:曾露平　包　宁	
封面设计:刘　颖	
责任校对:张玉华	
责任印制:郭向伟	

出版发行:中国铁道出版社(100054,北京市西城区右安门西街 8 号)

网　址:http://www.tdpress.com/51eds/

印　刷:北京鑫正大印刷有限公司

版　次:2017 年 8 月第 1 版　　2017 年 8 月第 1 次印刷

开　本:787 mm×1 092 mm　1/16　印张:10.75　字数:258 千

印　数:1~1 500 册

书　号:ISBN 978-7-113-23416-4

定　价:29.80 元

前　言

数控机床是机床制造业重要的基础装备，因此它的发展一直备受人们关注。近年来，我国机床制造业既面临着制造装备发展的良机，也遭遇到市场竞争的压力。从技术层面来讲，加速推进数控技术将是解决机床制造业持续发展的关键之一。为适应这种形势，2013年1月开始，我们组织了精品课程"机床数控技术"课程建设小组，先后到多所高校进行调研，确定了《机床数控技术》的教材体系，从教育目标及知识、能力和素质要求出发，按照教学方案进行编写，以提高读者对数控技术的理解能力。

本书内容以数控机床的工作过程为主线，先后阐述了数控机床的基本概念、数控加工程序编制、数控插补技术、计算机数控系统、数控机床的位置检测装置、数控机床的伺服驱动系统、数控机床的机械结构等内容。

本书内容丰富，文字简练，图文并茂，适合应用型本科院校机械设计制造及其自动化、机电一体化专业师生使用，也可供高职高专相关专业使用，对有关技术人员亦有参考价值。

本书由吴艳花任主编，杜毓瑾、范敏任副主编。具体编写分工如下：湖北文理学院吴艳花编写第1章、第2章、第3章、第5章、第6章、第7章；湖北文理学院杜毓瑾编写第4章；襄阳职业技术学院范敏编写第8章。全书由吴艳花负责统稿和定稿。全书由湖北文理学院王中任教授主审。

限于编者水平和经验，书中出现疏漏或不足之处在所难免，恳请广大读者批评指正。

编　者
2017年6月

目　　录

→ 绪　论

1.1　数控机床的产生和发展

科学技术的不断发展,对机械产品的质量和生产率提出了越来越高的要求。机械加工工艺过程的自动化是实现上述要求的最主要的措施之一。它不仅能提高产品的质量、提高生产效率、降低生产成本,还能够大大改善工人的劳动条件。大批量的自动化生产广泛采用自动机床、组合机床和专用机床以及专用自动化生产线,实行多刀、多工位多面同时加工,以达到高效率和高自动化。但这些都属于刚性自动化,在面对小批量生产时并不适用,因为小批量生产需要经常变化产品的种类,这就要求生产线具有柔性。而从某种程度上说,数控机床的出现正是满足了这一要求。

1.1.1　数控机床的产生

19 世纪 40 年代初,美国密歇根州的一个小型飞机工业承包商帕森兹公司在制造直升飞机叶片轮廓检查用样板机床时提出了数控机床的初始设想。

第一台数控机床——1952 年,美国麻省理工学院(MIT)受美国空军委托成功研制出一台直线插补连续控制的三坐标立式数控铣床,该数控机床使用的电子器件是电子管,这就是第一代,也是世界上第一台数控机床。数控机床产生和发展的基础是微电子技术、自动信息处理、数据处理、电子计算机技术的发展,它的发展推动了机械制造自动化技术的发展。

1959 年,出现晶体管元器件。1959 年 3 月,美国克耐·杜列可公司(K&T)发明了带有自动换刀装置的数控机床,称为"加工中心"(Machining Center)。19 世纪 60 年代开始,除美国以外的其他一些工业国家如德国、日本等开始开发和使用数控机床。

1965 年,出现小规模集成电路。1967 年,英国产生了 FMS(Flexible Manufacturing System,柔性制造系统)——几台数控机床连接成具有柔性的加工系统。

1965—1970 年期间,由于计算机技术的发展,小型计算机的价格急剧下降。大规模集成电路及小型计算机开始取代专用数控计算机,出现了计算机数控系统(CNC,Computerized NC),数控的许多功能在软件中得以实现。CNC 系统成为第四代系统。1970 年,美国芝加哥国际机床展览会上,首次展出这种系统。

1970 年前后,美国英特尔公司开发和使用了微处理器。1974 年,美国、日本等国首先研制出以微处理器为核心的数控系统[第五代系统,即 MNC(Microcomputerized NC)]。之后 MNC 机床得到飞速发展。数控技术的发展也越来越突出,数控技术的作用已充分体现在现代制造业中。

1.1.2 数控机床的发展

面对社会对工业产品的需求越来越大,数控机床的普及和技术发展相当必要。数控机床产值的比重迅速超过传统机床,成为主导产品。1989 年,日本、德国、美国、意大利、法国、英国六国机床产值占世界的 61%,这六国也都是数控机床大国。其中日本、德国是世界数控机床的主要生产国,近年来机床工业的产值数控化率已超过 70%。西方国家的机械制造业中数控机床拥有量迅速上升。

机械制造业中的技术密集行业,如航空、航天、汽车、机床工业等数控化率高达 60% ~ 90%,而且大量使用由数控机床组成的各种生产单元、柔性线、生产线。如 FMC(柔性制造单元)、FMS(柔性制造系统)、FTL(柔性传送生产线),可实行二三班无人看管生产。相比之下,我国工业装备水平和西方的差距,在近几年明显拉大。20 世纪 80 年代以来,由于数控机床的推广,西方工业在装备水平、加工范围、加工质量和生产效率方面获得革命性的进展,对加工业水平的提高,起到了关键性作用,从而拉大了发达国家与发展中国家的差距。我国机械工业因多年来总体效益水平不断下降,这一差距尤其明显。例如,日本 Mazak 公司 2000 年与我国合资建立的银川“小巨人机床公司”,全部用数控机床装备,含有三条 FMS,实现二三班无人看管生产,有九台数控车铣复合机床、数控龙门五面铣床和超精密卧式加工中心、四台精密数控折弯机和五台精密数控磨床,实现了智能网络制造。

在我国形成这种数控机床普及率不高的现状的主要原因有如下两方面:

一方面是数控机床的售价太高,一台机床至少也要几十万,这对于以小成本经营为主的私有企业来说是很难承担这笔开支的。所以要从改进数控机床的生产技术、提高数控机床的生产效率、节约生产成本等方面降低数控机床的价格,还有,随着世界各国企业纷纷来到中国投资,中国已经成为世界工厂。中国是一个人口众多的国家,这对于劳动力密集型企业来说,雇佣廉价劳动力实现生产的成本比购置数控机床所花的成本低很多。

另一方面,中国对数控技术型的人才培养力度需要加大,由于技术型人才的教育成本太高,尤其是数控技术型人才的培养,导致许多企业招聘不到数控技术型人才。这些都是在中国数控技术没有得到普及的原因。其实,要改变这一现状必须要从以下几个方面去发展:第一是政府要提高最低工资水平,让有能力的企业不得不加大使用数控机床;还有就是要加大对数控技术型人才的培养力度,更重要的是要简化数控机床的使用,降低对使用者的技术要求。另外,还要有能和世界发达国家相抗衡的数控机床和数控技术,这样才能让我国数控机床的应用得到普及。

数控机床还要和工业生产要求同步,数控系统技术的突飞猛进为数控机床的技术进步提供了条件。为了满足市场的需要,达到现代制造技术对数控技术提出的更高的要求,当前,我国数控技术及其装备的发展要着手于以下几个方面:

(1)高速、高效

机床向高速化方向发展,不但可大幅度提高加工效率、降低加工成本,而且还可提高零件的表面加工质量和精度。超高速的加工技术使制造业实现了高效、优质、低成本生产。

(2)高精度

从精密加工发展到超精密加工,是我国致力发展的方向。其精度从微米级到亚微米级乃至纳米级。

(3)高可靠性

随着数控机床网络化应用的发展,数控机床的高可靠性已经成为数控系统制造商和数控机床制造商追求的目标。对于每天工作两班的无人工厂而言,如果要求在 16 h 内连续正常工作,无故障率在 $P(t)=99\%$ 以上,则数控机床的平均无故障运行时间(MTBF)就必须大于 3 000 h。对一台数控机床而言,如主机与数控系统的失效率之比为 10∶1(数控的可靠性比主机高一个数量级)。此时数控系统的 MTBF 就要大于 33 333.3 h,而其中的数控装置、主轴及驱动等的 MTBF 就必须大于 10 万 h。当前,国外数控装置的 MTBF 已达 6 000 h 以上,驱动装置达 30 000 h 以上,可以看到距理想的目标还有差距。

(4)复合化

在零件加工过程中有大量的无用时间消耗在工件搬运、上下料、安装调整、换刀和主轴的升降速上,为了尽可能降低这些无用时间,能够将不同的加工功能整合在同一台机床上,因此,复合功能的机床成为近年来发展很快的机种。

(5)多轴化

随着五轴联动数控系统和编程软件的普及,五轴联动控制的加工中心和数控铣床已经成为当前的一个开发热点,由于在加工自由曲面时,五轴联动控制对球头铣刀的数控编程比较简单,并且能使球头铣刀在铣削三维曲面的过程中始终保持合理的切速,从而显著改善了加工表面的粗糙度并大幅度提高了加工效率。而三轴联动控制的机床却无法避免切速接近于零的球头铣刀端部参与切削。因此,五轴联动机床以其无可替代的性能优势已经成为各大机床厂家积极开发和竞争的焦点。

(6)智能化

提高驱动性能及使用连接方便的智能化,如前馈控制、电动机参数的自适应运算、自动识别负载自动选定模型、自整定等。

积极鼓励数控机床的普及和研发,使我国的数控技术不仅能跟上世界水平,还要赶超。

1.2 数控机床的组成和特点

数控机床是一个装有数字控制系统的机床,该系统能够处理加工程序,控制机床自动完成各种加工运动和辅助运动。

1.2.1 数控机床的组成

数控机床的基本组成包括加工程序载体、数控装置、伺服驱动装置、机床本体和其他辅助装置,如图 1.1 所示。

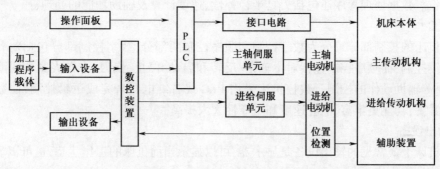

图 1.1 数控机床的基本组成

　　下面分别对各组成部分的基本工作原理进行概要说明。

1. 加工程序载体

　　数控机床工作时,不需要工人直接去操作机床,要对数控机床进行控制,必须编制加工程序。零件加工程序中,包括机床上刀具和工件的相对运动轨迹、工艺参数(进给量、主轴转速等)和辅助运动等。将零件加工程序用一定的格式和代码,存储在一种程序载体上,如穿孔纸带、盒式磁带、软磁盘等,通过数控机床的输入装置,将程序信息输入到 CNC 单元。

2. 输入设备

　　将数控指令输入给数控装置,根据程序载体的不同,相应有不同的输入装置。主要有键盘输入、磁盘输入、CAD/CAM 系统直接通信方式输入和连接上位计算机的 DNC(直接数控)输入,现仍有不少系统还保留有光电阅读机的纸带输入方式。

　　①纸带输入方式。可用纸带光电阅读机读入零件程序,直接控制机床运动,也可以将纸带内容读入存储器,用存储器中存储的零件程序控制机床运动。

　　②MDI 手动数据输入方式。操作者可利用操作面板上的键盘输入加工程序的指令,它适用于比较短的程序。在控制装置编辑状态(EDIT)下,用键盘输入加工程序,并存入控制装置的存储器中,这种输入方法可重复使用程序。一般手工编程均采用这种方法。

　　在具有会话编程功能的数控装置上,可按照显示器上提示的问题,选择不同的菜单,用人机对话的方法,输入有关的尺寸数字,就可自动生成加工程序。

　　③DNC 直接数控输入方式。把零件程序保存在上位计算机中,CNC 系统一边加工一边接收来自计算机的后续程序段。DNC 方式多用于采用 CAD/CAM 软件设计的复杂工件并直接生成零件程序的情况。

3. 数控装置

　　数控装置是数控机床的核心。现代数控装置均采用 CNC(Computer Numerical Control)形式,这种 CNC 装置一般使用多个微处理器,以程序化的软件形式实现数控功能,因此又称软件数控(Software NC)。CNC 系统是一种位置控制系统,它是根据输入数据插补出理想的运动轨迹,然后输出到执行部件加工出所需要的零件。因此,数控装置主要由输入、处理和输出三个基本部分构成。而所有这些工作都由计算机的系统程序进行合理组织,使整个系统协调地进行工作。

　　输入设备将加工信息传给 CNC 单元,编译成计算机能识别的信息,由信息处理部分按照控制程序的规定,逐步存储并进行处理后,通过输出单元发出位置和速度指令给伺服系统和主运动控制部分。CNC 系统的输入数据包括:零件的轮廓信息(起点、终点、直线、圆弧等)、加工速度及其他辅助加工信息(如换刀、变速、冷却液开关等),数据处理的目的是完成插补运算前的准备工作。数据处理程序还包括刀具半径补偿、速度计算及辅助功能的处理等。

4. PLC

　　数控机床的控制部分可分为数字控制和顺序控制两部分,数字控制部分包括对各坐标轴位置的连续控制,而顺序控制包括对主轴正/反转和启动/停止、换刀、卡盘夹紧和松开、冷却、尾架、排屑等辅助动作的控制。数控机床采用 PLC 代替继电器来完成逻辑控制,使数控机床的结构更紧凑,功能更丰富,响应速度和可靠性大大提高。

5. 输出设备

　　数控机床上最常见的输出设备是显示器,可以显示当前机床的工作状态,也可以显示当前加工程序信息等内容。

6. 伺服系统和测量反馈系统

伺服系统是数控机床的重要组成部分,用于实现数控机床的进给伺服控制和主轴伺服控制。伺服系统的作用是把来自数控装置的指令信息,经功率放大、整形处理后,转换成机床执行部件的直线位移或角位移运动。由于伺服系统是数控机床的最后环节,其性能将直接影响数控机床的精度和速度等技术指标,因此,对数控机床的伺服驱动装置,要求具有良好的快速反应性能,准确而灵敏地跟踪数控装置发出的数字指令信号,并能忠实地执行来自数控装置的指令,提高系统的动态跟随特性和静态跟踪精度。

伺服系统包括驱动装置和执行机构两大部分。驱动装置由主轴驱动单元、进给驱动单元和主轴伺服电动机、进给伺服电动机组成。步进电动机、直流伺服电动机和交流伺服电动机是常用的驱动装置。

测量元件将数控机床各坐标轴的实际位移值检测出来并经反馈系统输入到机床的数控装置中,数控装置对反馈回来的实际位移值与指令值进行比较,并向伺服系统输出达到设定值所需的位移量指令。

7. 机床本体

机床本体是数控机床的主体。它包括床身、底座、立柱、横梁、滑座、工作台、主轴箱、进给机构、刀架及自动换刀装置等机械部件。它是在数控机床上自动完成各种切削加工的机械部分。与传统的机床相比,数控机床主体具有如下结构特点:

①采用具有高刚度、高抗震性及较小热变形的机床结构。通常用提高结构系统的静刚度、增加阻尼、调整结构件质量和固有频率等方法来提高机床主机的刚度和抗震性,使机床主体能适应数控机床连续自动地进行切削加工的需要。采取改善机床结构布局、减少发热、控制温升及采用热位移补偿等措施,可减少热变形对机床主机的影响。

②广泛采用高性能的主轴伺服驱动和进给伺服驱动装置,使数控机床的传动链缩短,简化了机床机械传动系统的结构。

③采用高传动效率、高精度、无间隙的传动装置和运动部件,如滚珠丝杠螺母副、塑料滑动导轨、直线滚动导轨、静压导轨等。

8. 辅助装置

辅助装置是保证充分发挥数控机床功能所必需的配套装置,常用的辅助装置包括:气动、液压装置,排屑装置,冷却、润滑装置,回转工作台和数控分度头,防护,照明等各种辅助装置。

1.2.2 数控加工的特点

数控加工是采用数字信息对零件的加工过程进行定义,并控制机床进行自动加工的一种自动化加工方法。它具有以下几方面特点:

1. 具有复杂形状加工能力

复杂形状零件的加工在飞机、汽车、船舶、模具、动力设备和国防军工等产品的制造过程中占有重要地位,复杂形状零件的加工质量直接影响这些产品的整体性能。数控加工过程中刀具运动的任意可控性使得数控加工能完成普通加工难以完成或者根本无法进行的复杂曲面加工。

2. 高精度

数控加工使用数字程序控制刀具的运动实现自动加工,排除了人为的误差因素,而且加工误差还可以由数控系统通过软件技术进行补偿校正。因此,采用数控加工可以极大地提高零件的加工精度。

3. 高效率

数控加工的生产效率一般比普通加工高 2～3 倍,在加工复杂零件时,生产效率可以提高十几倍甚至几十倍。采用五面体加工中心、柔性制造单元等数控加工设备进行加工时,零件一次装夹后可以完成几乎所有部分的加工。不仅可以消除多次装夹引起的定位误差,而且可以大大减少加工辅助操作,使得加工效率进一步提高。

4. 高柔性

只需改变加工程序即可适应不同零件的加工要求,而且几乎不需要制造专用的工装夹具,因此加工柔性好,有利于缩短产品的研制与生产周期,适应多品种、中小批量的现代生产需要。

数控加工是一种高效率、高精度、高柔性的自动化加工。但数控设备的费用相对于普通机床要高,因此目前数控加工多应用于零件形状比较复杂、精度要求较高,以及产品更换频繁、生产周期要求短的加工场合。

数控加工是现代自动化、柔性化、数字化生产的基础与关键。数控加工可以提高生产效率、稳定加工质量、缩短加工周期、增加生产柔性,实现对各种复杂精密零件的自动化加工。应用数控加工易于在工厂或车间实现计算机管理,可以减少车间设备的总数、节省人力资源、改善劳动条件,有利于加快产品的开发和更新换代。提高企业对市场的适应能力,增加企业的经济效益。

1.3　数控机床的分类

数控机床的种类很多,可以按不同的方法对数控机床进行分类。

1.3.1　按机床运动的控制轨迹分类

1. 点位控制数控机床

数控系统只控制刀具从一点到另一点的准确位置,而不控制运动轨迹,各坐标轴之间的运动是不相关的,在移动过程中不对工件进行加工(见图 1.2)。这类数控机床主要有数控钻床、数控坐标镗床、数控冲床等。

2. 直线控制数控机床

直线控制数控机床又称平行控制数控机床,其特点是除了控制点与点之间的准确定位外,还要控制两相关点之间的移动速度和路线(轨迹),但其运动路线只与机床坐标轴平行移动,也就是说同时控制的坐标轴只有一个(即数控系统内不必有插补运算功能),在移位过程中刀具能以指定的进给速度进行切削,一般只能加工矩形、台阶形零件(见图 1.3)。

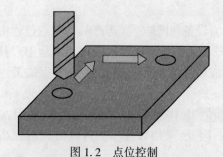

图 1.2　点位控制　　　　　　　　　　　　图 1.3　直线控制

只有直线控制功能的机床主要有比较简单的数控车床、数控铣床、数控磨床等。这种机床的数控系统又称直线控制数控系统。同样,单纯用于直线控制的数控机床也不多见。

3. 轮廓控制数控机床

轮廓控制数控机床又称连续控制数控机床,其控制特点是能够对两个或两个以上的运动坐标的位移和速度同时进行控制。为了满足刀具沿工件轮廓的相对运动轨迹符合工件加工轮廓的要求,必须将各坐标运动的位移控制和速度控制按照规定的比例关系精确地协调起来。因此在这类控制方式中,就要求数控装置具有插补运算功能。所谓插补就是根据程序输入的基本数据(如直线的终点坐标、圆弧的终点坐标和圆心坐标或半径),通过数控系统内插补运算器的数学处理,把直线或圆弧的形状描述出来,也就是一边计算,一边根据计算结果向各坐标轴控制器分配脉冲,从而控制各坐标轴的联动位移量与要求的轮廓相符合,在运动过程中刀具对工件表面进行连续切削,可以进行各种直线、圆弧、曲线的加工(见图1.4)。这类数控机床主要有数控车床、数控铣床、数控线切割机床、加工中心等。其相应的数控装置称为轮廓控制数控系统。

根据它所控制的联动坐标轴数不同,又可以分为下面几种形式:

(1)二轴联动:主要用于数控车床加工旋转曲面或数控铣床加工曲线柱面,如图1.5所示。

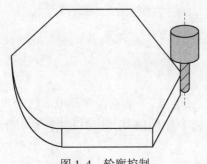

图1.4 轮廓控制

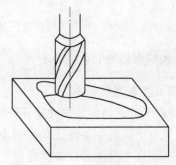

图1.5 二轴联动

(2)二轴半联动:主要用于三轴以上机床的控制,其中两根轴可以联动,而另外一根轴可以做周期性进给,如图1.6所示。

(3)三轴联动:一般分为两类,一类就是 $X/Y/Z$ 三个直线坐标轴联动,比较多的用于数控铣床、加工中心等(见图1.7);另一类是除了同时控制 $X/Y/Z$ 中两个直线坐标外,还同时控制围绕其中某一直线坐标轴旋转的旋转坐标轴,如车削加工中心,它除了纵向(Z 轴)、横向(X 轴)两个直线坐标轴联动外,还需同时控制围绕 Z 轴旋转的主轴(C 轴)联动。

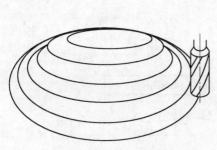

图1.6 二轴半联动

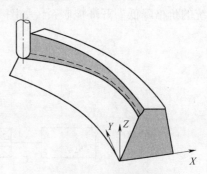

图1.7 三轴联动

（4）四轴联动：同时控制 $X/Y/Z$ 三个直线坐标轴与某一旋转坐标轴联动，如图1.8所示。

（5）五轴联动：除同时控制 $X/Y/Z$ 三个直线坐标轴联动外，还同时控制围绕这些直线坐标轴旋转的 A 、B 、C 坐标轴中的两个坐标轴，形成同时控制五个轴联动，这时刀具可以被定在空间的任意方向（见图1.9）。比如控制刀具同时绕 X 轴和 Y 轴两个方向摆动，使得刀具在其切削点上始终保持与被加工轮廓曲面成法线方向，以保证被加工曲面的光滑性，提高其加工精度和加工效率，减小被加工表面的粗糙度。

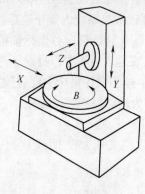　　　　　　　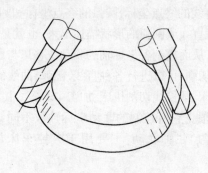

图1.8　四轴联动　　　　　　　　　　　图1.9　五轴联动

1.3.2　按伺服控制的方式分类

1. 开环控制数控机床

这类机床的进给伺服驱动是开环的，即没有检测反馈装置，一般它的驱动电动机为步进电动机，步进电动机的主要特征是控制电路每变换一次指令脉冲信号，电动机就转动一个步距角，并且电动机本身就有自锁能力。

数控系统输出的进给指令信号通过脉冲分配器控制驱动电路，它以变换脉冲的个数来控制坐标位移量，以变换脉冲的频率控制位移速度，以变换脉冲的分配顺序控制位移的方向。

因此，这种控制方式的最大特点是控制方便、结构简单、价格便宜。数控系统发出的指令信号流是单向的，所以不存在控制系统的稳定性问题，但由于机械传动的误差不经过反馈校正，故位移精度不高。早期的数控机床均采用这种控制方式，只是故障率比较高，目前由于驱动电路的改进，使其仍得到了较多应用。尤其在我国，一般经济型数控系统和旧设备的数控改造多采用这种控制方式。另外，这种控制方式可以配置单片机或单板机作为数控装置，使得整个系统的价格降低。开环控制系统如图1.10所示。

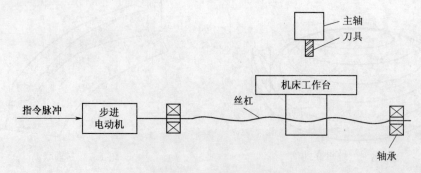

图1.10　开环控制系统

2. 半闭环控制数控机床

这类数控机床的进给伺服驱动是按闭环反馈控制方式工作的,其驱动电动机可采用直流或交流两种伺服电动机,并需要配置位置反馈和速度反馈,在加工中随时检测移动部件的实际位移量,并及时反馈给数控系统中的比较器,它与插补运算所得到的指令信号进行比较,其差值又作为伺服驱动的控制信号,进而带动位移部件以消除位移误差。如图 1.11 所示,其位置反馈采用角位移检测元件(目前主要采用编码器等),直接安装在伺服电动机或丝杠端部。由于大部分机械传动环节未包括在系统闭环环路内,因此可以获得较稳定的控制特性。丝杠等机械传动误差虽不能通过反馈随时校正,但是可采用软件定值补偿方法适当提高其精度。目前,大部分数控机床采用半闭环控制方式。

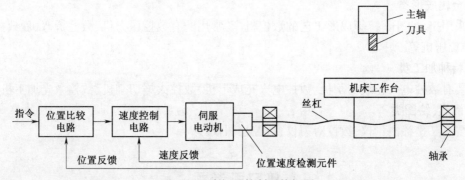

图 1.11 半闭环控制系统框图

3. 闭环控制数控机床

如图 1.12 所示,其位置反馈装置采用直线位移检测元件(目前一般采用光栅尺),安装在机床的床鞍部位,即直接检测机床坐标的直线位移量,通过反馈可以消除从电动机到机床床鞍的整个机械传动链中的传动误差,从而得到很高的机床静态定位精度。

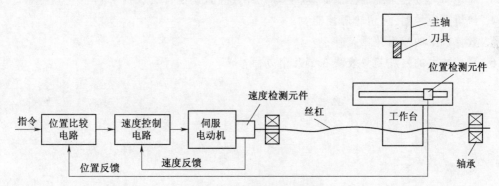

图 1.12 闭环控制系统框图

但是,由于在整个控制环内,许多机械传动环节的摩擦特性、刚性和间隙均为非线性,并且整个机械传动链的动态响应时间与电气响应时间相比又非常大,这为整个闭环系统的稳定性校正带来很大困难,系统的设计和调整也都相当复杂。因此,这种全闭环控制方式主要用于精度要求很高的数控坐标镗床、数控精密磨床等。

1.3.3 按数控系统的功能水平分类

通常把数控系统分为低、中、高三类。这种分类方式,在我国用得较多。低、中、高三档的界限是相对的,不同时期,划分标准也会不同。就目前的发展水平看,可以根据一些功能及指标,将各种类型的数控系统分为低、中、高三档。其中,高档一般称为全功能数控或标准型数控。

1. 金属切削类

指采用车、铣、镗、铰、钻、磨、刨等各种切削工艺的数控机床。它又可分为以下两类:

①普通型数控机床:如数控车床、数控铣床、数控磨床等。

②加工中心:其主要特点是具有自动换刀机构的刀具库,工件经一次装夹后,通过自动更换各种刀具,在同一台机床上对工件各加工面连续进行铣(车)键、铰、钻、攻螺纹等多种工序的加工,如(镗/铣类)加工中心、车削中心、钻削中心等。

2. 金属成形类

指采用挤、冲、压、拉等成形工艺的数控机床,常用的有数控压力机、数控折弯机、数控弯管机、数控旋压机等。

3. 特种加工类

主要有数控电火花线切割机、数控电火花成形机、数控火焰切割机、数控激光加工机等。

4. 测量、绘图类

主要有三坐标测量仪、数控对刀仪、数控绘图仪等。

复习思考题

1. 数控(NC)和计算机数控(CNC)的联系和区别是什么?
2. 数控机床由哪几部分组成,各组成部分的功能是什么?
3. 简述闭环数控系统的控制原理,它与开环数控系统有什么区别?
4. 何谓直线控制,何谓轮廓控制?
5. 数控机床的应用范围是什么?
6. 数控技术的发展趋势表现在哪几个方面?

数控加工程序编制

2.1 数控程序编制基础

在普通机床上加工零件时,首先应由工艺人员对零件进行工艺分析,制定零件加工的工艺规程,包括机床、刀具、定位夹紧方法及切削用量等工艺参数。同样,在数控机床上加工零件时,也必须对零件进行工艺分析,制定工艺规程,同时要将工艺参数、几何图形数据等,按规定的信息格式记录在控制介质上,将此控制介质上的信息输入数控机床的数控装置,由数控装置控制机床完成零件的全部加工。将从零件图样到制作数控机床的控制介质并校核的全部过程称为数控加工的程序编制,简称数控编程。

2.1.1 数控编程的一般步骤

数控机床是按照事先编制好的加工程序自动对工件进行加工的高效自动化设备。在数控机床上加工零件时,要预先根据零件加工图样的要求确定零件加工的工艺过程、工艺参数和走刀运动数据,然后编制加工程序,传输给数控系统,在事先存入数控装置内部的控制软件支持下,经处理和计算,发出相应的进给运动指令信号,通过伺服系统使机床按预定轨迹运动,进行零件的加工。一般的数控机床程序编制严格按照以下步骤进行:分析零件图样、确定工艺过程、数学处理、编写程序单、程序校验和首件试切,如图 2.1 所示。

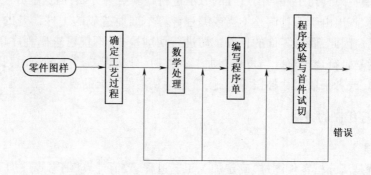

图 2.1 数控编程的一般步骤

1. 分析零件图样

首先对零件图样进行分析。要分析零件的材料、形状、尺寸、精度、批量、毛坯形状和热处理要求等,以便确定该零件是否适合在数控机床上加工,或适合在哪种数控机床上加工,同时要明确加工的内容和要求。

2. 确定工艺过程

在分析零件图的基础上,进行工艺分析,确定零件的加工方法(如采用的工夹具、装夹定位方法等)、加工路线(如对刀点、换刀点、进给路线)及切削用量(如主轴转速、进给速度和背吃刀量等)等工艺参数。数控加工工艺分析与处理是数控编程的前提和依据,而数控编程就是将数控加工工艺内容程序化。制定数控加工工艺时,要合理选择加工方案,确定加工顺序、加工路线、装夹方式、刀具及切削参数等;同时还要考虑所用数控机床的指令功能,充分发挥机床的效能;尽量缩短加工路线,正确选择对刀点、换刀点,减少换刀次数,并使数值计算方便;合理选取起刀点、切入点和切入方式,保证切入过程平稳;避免刀具与非加工面的干涉,保证加工过程安全可靠等。

3. 数学处理

根据零件图的几何尺寸、确定的工艺路线及设定的坐标系,计算零件粗、精加工运动的轨迹,得到刀位数据。对于形状比较简单的零件(如由直线和圆弧组成的零件)的轮廓加工,要计算出几何元素的起点、终点、圆弧的圆心、两几何元素的交点或切点的坐标值,如果数控装置无刀具补偿功能,还要计算刀具中心的运动轨迹坐标值。对于形状比较复杂的零件(如由非圆曲线、曲面组成的零件),需要用直线段或圆弧段逼近,根据加工精度的要求计算出节点坐标值,这种数值计算一般要用计算机完成。

4. 编写程序单

在完成工艺处理和数值计算工作后,可以编写零件加工程序单。编程人员根据计算出的运算轨迹坐标值和已制定的加工路线、刀具号码、刀具补偿、切削参数以及辅助动作,按照所使用数控装置规定使用的功能指令代码及程序段格式,逐段编写加工程序单。在程序段之前加上程序的顺序号,在其后加上程序段结束标志符号。编程人员要熟悉数控机床的性能、程序指令代码以及数控机床加工零件的过程,才能编写出正确的加工程序。

5. 程序校验和首件试切

编写的程序单,必须经过校验和试切才能正式使用。校验方法是直接把程序单中的内容输入到数控系统中,让机床空运转,以检查机床的运动轨迹是否正确。在有 CRT 图形显示的数控机床上,用模拟刀具与工件切削过程的方法进行检验更为方便,但这些方法只能检验运动是否正确,不能检查出由于刀具调整不当或编程计算不准而造成的工件误差的大小和加工出工件的具体情况。因此,要对零件的首件试切进行切削检查,不仅可查出程序单的错误,还可以知道加工精度是否符合要求。当发现有加工误差时,分析误差产生的原因,找出问题所在,或者修改程序单,或者采取尺寸补偿等措施,直至达到零件图纸的要求。

2.1.2　数控程序编制的方法

1. 手工编程

手工编程就是从分析零件图样、确定加工工艺过程、数值计算、编写零件加工程序单、制作控制介质到程序校验都是人工完成。它要求编程人员不仅要熟悉数控指令及编程规则,而且还要具备数控加工工艺知识和数值计算能力。对于加工形状简单、计算量小、程序段数不多的零件,采用手工编程较容易,而且经济、及时。因此,在点位加工或直线与圆弧组成的轮廓加工中,手工编程仍广泛应用。对于形状复杂的零件,特别是具有非圆曲线、列表曲线及曲面组成的零件,用手工编程就有一定困难,出错的概率增大,有时甚至无法编出程序,必须用自动编程的方法编制程序。

2. 自动编程

自动编程是利用计算机专用软件编制数控加工程序。编程人员只需根据零件图样的要求,使用数控语言,由计算机自动进行数值计算及后置处理,编写出零件加工程序单,加工程序通过直接通信的方式送入数控机床,指挥机床工作。自动编程使得一些计算烦琐、手工编程困难或无法编出的程序能够顺利完成。

(1)Pro/Engineer

Pro/Engineer 系统是美国参数技术公司(Parametric Technology Corporation,PTC)的产品,它刚一面世(1988 年),就以其先进的参数化设计、基于特征设计的实体造型而深受用户欢迎,随后各大 CAD/CAM 公司也纷纷推出了基于约束的参数化造型模块。此外,Pro/Engineer 一开始就建立在工作站上,使系统独立于硬件,便于移植;该系统用户界面简洁,概念清晰,符合工程人员的设计思想与习惯。Pro/Engineer 整个系统建立在统一的数据库上,具有完整而统一的模型,能将整个设计至生产过程集成在一起,它一共有 20 多个模块供用户选择。基于以上原因,Pro/Engineer 在最近几年已成为三维机械设计领域里最富有魅力的系统,其销售额和用户群仍以最快的速度向前发展。1998 年 1 月,PTC 公司并购了 Computervision(CV)公司,更加壮大了 PTC 的实力。

(2)CATIA

CATIA 系统是法国达索(Dassault)飞机公司 Dassault Systems 工程部开发的产品。该系统是在 CADAM 系统(原由美国洛克希德公司开发,后并入美国 IBM 公司)基础上扩充开发的,在 CAD 方面购买原 CADAM 系统的源程序,在加工方面则购买了 APT 系统的源程序,并经过几年的努力,形成了商品化的系统。CATIA 系统如今已经发展为集成化的 CAD/CAE/CAM 系统,它具有统一的用户界面、数据管理以及兼容的数据库和应用程序接口,并拥有 20 多个独立计价模块。该系统的工作环境是 IBM 主机以及 RISC/6000 工作站。如今 CATIA 系统在全世界 30 多个国家或地区拥有近 2000 家用户,美国波音飞机公司的波音 777 飞机便是其杰作之一。

(3)Unigraphics(UG)

UG 是起源于美国麦道(MD)公司的产品,1991 年 11 月并入美国通用汽车公司 EDS 分部。如今 EDS 是全世界最大的信息技术(IT)服务公司,UG 由其独立子公司 Unigraphics Solutions 开发。UG 是一个集 CAD、CAE 和 CAM 于一体的机械工程辅助系统,适用于航空航天器、汽车、通用机械以及模具等的设计、分析及制造工程。该软件可在 HP、Sun、SGI 等工作站上运行。UG 采用基于特征的实体造型,具有尺寸驱动编辑功能和统一的数据库,实现了 CAD、CAE、CAM 之间无数据交换的自由切换,它具有很强的数控加工能力,可以进行 2 轴~2.5 轴、3 轴~5 轴联动的复杂曲面加工和镗铣。UG 还提供了二次开发工具 GRIP、UFUNG、ITK,允许用户扩展 UG 的功能。UG 自 20 世纪 90 年代初进入我国市场。

2.2 数控机床坐标系

在数控编程时,为了描述机床的运动,简化程序编制的方法及保证记录数据的互换性,数控机床的坐标系和运动方向均已标准化,ISO 和我国都拟定了命名的标准。数控机床坐标系是为了确定工件在机床中的位置,机床运动部件特殊位置及运动范围,即描述机床运动,产生数据信息而建立的几何坐标系。通过机床坐标系的建立,可确定机床位置关系,获得所需的相关数据。

2.2.1　数控机床坐标系确定的原则

ISO 标准规定:不论机床的具体结构是工件静止、刀具运动,还是工件运动、刀具静止,一律看作工件相对静止,刀具运动。即规定以工件为基准,假定工件不动,刀具运动的原则,以刀具的运动轨迹来编程。这一原则使编程人员能在不知道是刀具移近工件还是工件移近刀具的情况下,就能根据零件图样确定机床的加工过程。当工件运动时,在坐标轴符号上加"'"表示。

1. 标准坐标系(机床坐标系)**的规定**

在数控机床上,机床的动作是由数控装置控制的,为了确定数控机床上的成形运动和辅助运动,必须先确定机床上运动的位移和运动的方向,这就需要通过坐标系来实现,这个坐标系称为机床坐标系。

机床的标准坐标系采用右手直角笛卡儿定则。基本坐标轴 X、Y、Z 的关系及其正方向用右手直角原则判定。拇指为 X 轴,食指为 Y 轴,中指为 Z 轴,围绕 X、Y、Z 各轴的回转运动及其正方向 $+A$、$+B$、$+C$ 分别用右手螺旋定则判定,拇指为 X、Y、Z 的正向,四指弯曲的方向为对应的 A、B、C 的正向,如图 2.2 所示。

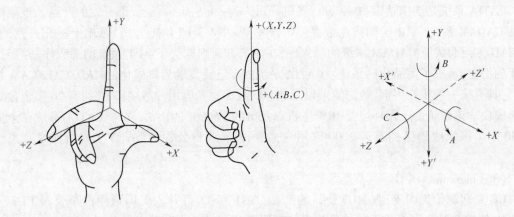

图 2.2　数控机床标准坐标系

2. 坐标轴运动方向的确定

ISO 标准规定:机床的直线坐标轴 X、Y、Z 的判定顺序是:先 Z 轴,再 X 轴,最后按右手定则判定 Y 轴。同时规定增大工件与刀具之间距离的方向为坐标轴正方向。

3. X、Y、Z 坐标轴与正方向的确定

(1)Z 轴坐标运动的定义

Z 坐标轴的运动由传递切削力的主轴决定,与主轴平行的标准坐标轴为 Z 坐标轴,其正方向为增加刀具和工件之间距离的方向。若机床没有主轴(刨床),则 Z 坐标轴垂直于工件装夹面。若机床有几个主轴,可选择一个垂直于工件装夹面的主要轴为主轴,并以它确定 Z 坐标轴。对于铣床、镗床、钻床等是带动刀具旋转的轴;对于车床、磨床等是带动工件旋转的轴。

(2)X 坐标轴

X 坐标轴是水平的,它平行于工件装夹面,是刀具或工件定位平面内运动的主要坐标。对于工件旋转的机床(车床、磨床),X 坐标的方向在工件的径向上,并且平行于横滑座,刀具离开工件回转中心的方向为 X 坐标的正方向,如图 2.3 所示。对于刀具旋转的机床(铣床),若 Z 坐标轴是水平的(卧式铣床),当由主轴向工件看时,X 坐标轴的正方向指向右方,如图 2.4 所示;若 Z 坐标轴是垂直的(立式铣床),当由主轴向立柱看时,X 坐标轴的正方向指向右方,如图 2.5 所示;对于双立柱的龙门铣床,当由主轴向左侧立柱看时,X 坐标轴的正方向指向右方。对刀具和工件均不旋转的机床(刨床),X 坐标平行于主要切削方向,并以该方向为正方向。

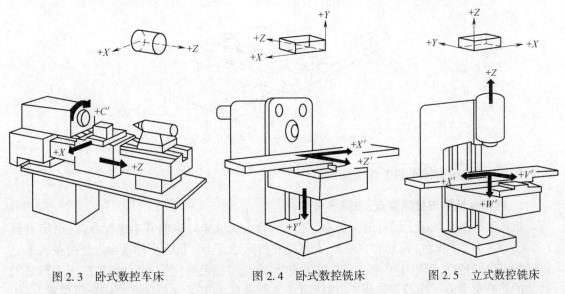

图 2.3　卧式数控车床　　　　图 2.4　卧式数控铣床　　　　图 2.5　立式数控铣床

(3)Y 坐标轴

根据 X、Z 坐标轴,按照右手直角笛卡儿坐标系确定,图 2.6 所示为数控车床 Y 轴的确定方法;图 2.7 所示为数控铣床 Y 轴的确定方法。如果机床在 X、Y、Z 主要直线运动之外还有第二组平行于它们的运动,可分别将它们的坐标定为 U、V、W。

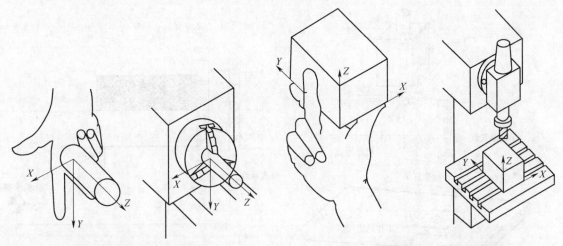

图 2.6　数控车床 Y 轴的确定　　　　图 2.7　数控铣床 Y 轴的确定

(4)旋转运动

运动 A、B、C 相应地表示其轴线平行于 X、Y、Z 的旋转运动,其正方向按照右旋螺纹旋转的方向。图 2.8 所示为立式五轴加工中心的坐标系的情况说明。

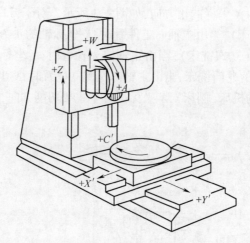

图 2.8　立式五轴加工中心的坐标系

2.2.2　数控机床坐标系和工件坐标系

1. 机床坐标系与机床原点、机床参考点

机床坐标系是机床上固有的坐标系,是用来确定工件坐标系的基本坐标系,是确定刀具(刀架)或工件(工作台)位置的参考系,并建立在机床原点上。机床坐标系原点是指在机床上设置的一个固定点,即机床原点。它在机床装配、调试时就已确定下来,是数控机床进行加工运动的基准参考点。在数控铣床上,机床原点一般取在 X、Y、Z 坐标的正方向极限位置上,如图 2.9 所示,一般取在机床运动方向的最远点。通常车床的机床零点多在主轴法兰盘接触面的中心即主轴前端面的中心上。主轴即为 Z 轴,主轴法兰盘接触面的水平面则为 X 轴。+X轴和+Z 轴的方向指向加工空间,如图 2.10 所示。

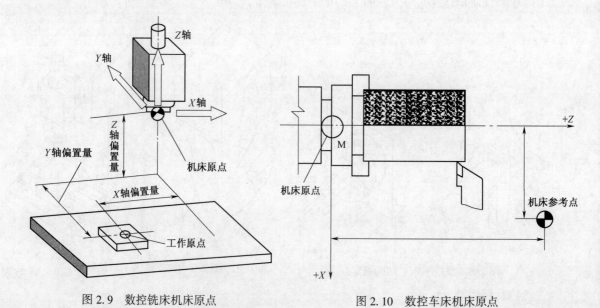

图 2.9　数控铣床机床原点　　　　　　　　　图 2.10　数控车床机床原点

机床参考点也是机床上的一个固定点,不同于机床原点。机床参考点对机床原点的坐标是已知值,即可根据机床参考点在机床坐标系中的坐标值间接地确定机床原点的位置。数控

机床是通过回零操作(回参考点)后表明机床坐标系建立。

2. 工件(编程)坐标系

编程人员在编程时设定的坐标系又称编程坐标系。工件坐标系坐标轴的确定与机床坐标系坐标轴方向一致。工件原点或编程原点是由编程人员根据编程计算方便性、机床调整方便性、对刀方便性、在毛坯上位置确定的方便性等具体情况定义在工件上的几何基准点,一般为零件图上最重要的设计基准点。

在加工过程中,数控机床是按照工件装卡好后的工件坐标系原点及程序要求进行自动加工的。加工原点如图 2.11 中的 O_3 所示,工件坐标系原点在机床坐标系下的坐标值 X_3、Y_3、Z_3,即为系统需要设定的加工原点设置值。因此,编程人员在编制程序时,只须根据零件图样确定编程原点,建立编程坐标系,计算坐标数值,而不必考虑工件毛坯装卡的实际位置。对加工人员来说,则应在装卡工件、调试程序时,确定加工原点的位置,并在数控系统中给予设定(即给出原点设定值),这样数控机床才能按照准确的加工坐标系位置开始加工 。

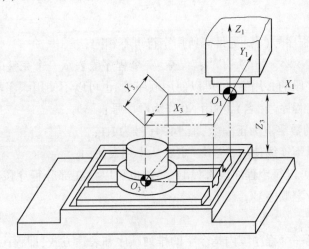

图 2.11　机床原点与工件原点偏置

2.3　数控指令代码

根据加工路线、切削用量、刀具号码、刀具补偿量、机床辅助动作及刀具运动轨迹,按照数控系统使用的指令代码和程序段的格式编写零件加工的程序单,称为数控编程。在数控编程中,有的编程指令是不常用的,有的只适用于某些特殊的数控机床。有些编程指令必须参考具体数控机床编程手册。

2.3.1　数控程序格式

1. 零件加工程序的结构

零件加工程序由程序号(名)和若干个程序段组成,每个程序段又由程序段号和若干个指令字组成,每个指令字由字母、符号、数字组成,每段程序由“;”结束。程序段是数控程序的基本组成单元。

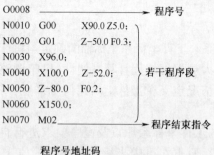

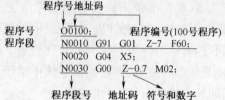

说明:

不同数控系统,程序号(名)地址码所用字符可不相同;

程序段以序号"N××××"开头,以";"结束,一个程序段表示一个完整的加工工步或动作;

顺序号不是程序段的必用字,即可以使用顺序号,也可以不使用顺序号;

建议不以 0 作为程序号(名),不用 N0 作为顺序号;

地址符 N 后面的数字应为正整数,最小顺序号为 N1;

顺序号数字可以不连续使用,也不一定要从小到大使用;

对于整个程序,可以每个程序段都设顺序号,也可以只在部分程序段中设顺序号,还可以在整个程序中全不设定顺序号。

2. 程序段格式

程序段格式是指一个程序段内指令字的排列顺序和表达方式,即程序段的书写规则,程序中的字、字符、数据的安排规则。程序段格式有三种:固定顺序程序段格式、带分隔符的固定顺序(又称表格顺序)程序段格式和字地址程序段格式。

(1)固定程序段格式

这种格式的程序段中无地址符,字的顺序和程序段的长度固定不变,不能省略。这种格式的 NC 系统简单,但程序太长,也不直观,因此应用较少。

```
007  01  +02500  -13400  15  30  02  LF
 N   G    X        Y      F   S   M
```

(2)带分隔符的程序段格式

这种格式也不使用地址符,但字的顺序是固定的,各字之间用分隔符隔开以表示地址的顺序。由于有分隔符,所以不需要的字可以省略,但必须保留相应的分隔符。

```
007 TAB 01 TAB +02500 TAB-13400 TAB 15 TAB 30 TAB 02 LF
 ↓       ↓       ↓        ↓         ↓      ↓      ↓
 N       G       X        Y         F      S      M
```

(3)字地址程序段格式

目前广泛采用字地址程序段格式,又称地址符可变程序段格式。每个程序段由顺序号字、准备功能字、尺寸字、进给功能字、主轴功能字、刀具功能字、辅助功能字和程序段结束符组成。

每个字都由字母开头,称为"地址"。

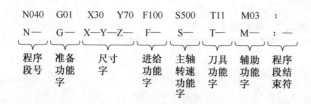

程序段中的每个指令字均以字母(地址符)开始,其后再跟符号和数字;指令字在程序段中的顺序无严格的规定,即可以任意顺序书写;不需要的指令字或者与上段相同的续效代码可以省略不写;这种格式虽然增加了地址译码环节,但程序直观、简单,可读性强,便于检查,现在数控机床广泛应用。常用地址符及其说明见表 2.1。

表 2.1　常用地址符及其说明

机　能	地　址　码	说　明
程序段号	N	
坐标字	X、Y、Z、U、V、W、P、Q、R	直线坐标
	A、B、C、D、E	旋转坐标
	R	圆弧坐标
	I、J、K	圆弧中心坐标
准备功能	G	指令机床动作方式
辅助功能	M	机床辅助动作指令
补偿值	H 或 D	补偿值地址
切削用量	S	主轴转速
	F	进给量或进给速度
刀号	T	刀库中的刀具标号

2.3.2　功能代码简介

1. 准备功能 G 指令(Preparatory Function)

使机床或数控系统建立起某种加工方式的指令。在数控系统插补运算之前或进行加工之前需要预先设定,为插补运算或某种加工方式做好准备的指令,如刀具沿那个坐标平面运动,是直线插补还是圆弧插补,是在直角坐标系下还是极坐标系下等。

G 代码构成:

地址码 G 后跟 2 位数字组成,从 G00—G99 共 100 种。表 2-2 所示为准备功能字。

(1)模态指令(续效指令):是指该指令一旦在某程序段中被使用,将一直保持有效到被同组的其他指令取代(或注销),或整个程序结束为止。由此可知:

①同组指令在一个程序段中只能出现一个,否则只有最后的代码有效。

②模态指令只需在使用时指定一次即可,而不必在后续的程序段中重复指定。

（2）非模态指令（非续效指令）：是指该指令仅在使用它的某程序段中有效。若需继续使用该功能则必须在后续的程序段中重新指定。

表 2.2　准备功能字

代码 (1)	功能保持到被取消或被同样字母表示的指令所代替 (2)	功能仅在出现的程序段内有效 (3)	功　能 (4)	代码 (1)	功能保持到被取消或被同样字母表示的指令所代替 (2)	功能仅在出现的程序段内有效 (3)	功　能 (4)
G00	a		点定位	G50	#(d)	#	刀具偏置 0/-
G01	a		直线插补	G53	f		直接机床坐标系编程
G02	a		顺时针方向圆弧插补	G54～59	f		坐标系选择
G03	a		逆时针方向圆弧插补	G70～79	#	#	不指定
G04		*	暂停	G80	e		固定循环注销
G17	c		XY 平面选择	G81～89	3		固定循环
G18	c		XZ 平面选择	G90	j		绝对尺寸
G19	c		YZ 平面选择	G91	j		增量尺寸
G40	d		刀具补偿/刀具偏置注销	G92		*	预置寄存
G41	d		刀具补偿-左	G94	k		每分钟进给
G42	d		刀具补偿-右	G95	k		主轴每转进给
G43	#(d)	#	刀具偏置-正	G96	i		恒线速度
G44	#(d)	#	刀具偏置-负	G97	i		每分钟转数（主轴）
G49	#(d)	#	刀具偏置 0/+	G98～99	#	#	不指定

注：表中(2)栏中标有字母的行所对应的 G 代码是模态代码，标有相同字母的 G 代码为一组；

　　表中(2)栏中没有字母的行所对应的 G 代码是非模态代码；

　　表中(4)栏中的“不指定”代码，用作将来修改标准时，指定新的功能。这类 G 代码可由数控系统设计者根据需要定义新功能。

2. 辅助功能 M 指令（Miscellaneous Function）

辅助功能是用地址字 M 及两位数字表示的，这类指令与数控系统插补运算无关，而是根据操作机床的需要予以规定的工艺指令，用于控制机床的辅助动作，主要用于机床加工操作时的工艺性指令，如主轴正反转、冷却液的开停、工件的夹紧松开等，也有续效指令和非续效指令。它靠继电器的通、断实现其控制过程。表 2.3 所示为 FANUC 数控系统部分 M 代码。

表 2.3　FANUC 数控系统部分 M 代码

代　码	功　能	代　码	功　能
M00	程序停止	M08	冷却液开启
M01	计划停止	M09	冷却液关闭
M02	程序结束	M30	程序结束并返回
M03	主轴顺时针旋转	M98	调用子程序
M04	主轴逆时针旋转	M99	子程序结束
M05	主轴停止		

3. F、T、S 指令

（1）进给速度指令（F）（Feed Function）

进给速度指令用字母 F 及其后面的若干位数字表示，其中数字表示实际的合成速度值，单位为 mm/min 或 mm/r。例如，F150 表示进给速度为 150 mm/min。

①每分钟进给（G98）：系统在执行了 G98 指令后，再遇到 F 指令时，便认为 F 所指定的进给速度单位为 mm/min。G98 指令执行一次后，系统将保持 G98 状态，即使关机也不受影响，直至系统又执行了含有 G99 的程序段，则 G98 被否定，而 G99 发生作用。

②每转进给（G99）：若系统处于 G99 状态，则认为 F 所指定的进给速度单位为 mm/r。要取消 G99 状态，必须重新指定 G98。

（2）主轴转速指令（S）（Spindle Function）

主轴转速指令用字母 S 及其后面的若干位数字表示，用来指定主轴的转速，单位为 r/min。该代码为续效代码。如 S500、S3500 等，其中数字表示实际的主轴转速值。

（3）刀具功能指令（T）（Tool Function）

在自动换刀的数控机床中，该指令用于系统对各种刀具进行选择。刀具功能指令可以用字母 T 及其后面的两位或四位数字表示。其中前两位为选择的刀具号，后两位为选择的刀具补偿号。每一刀具加工结束后必须取消其刀具补偿，即将后两位数字设置为"00"，取消刀具补偿。如 T06 表示 6 号刀具，T0602 表示 6 号刀具选用 2 号刀补号。例如：

```
O0001;
N01 G92 X50 Z50;
N02 M06 T0101;(用"01"号刀加工,刀补号为"01"。刀补号也可为"02",T 指令应为"T0102")
N03 G00 G90 Z40;
N04 G01 X40 Z30 F100;
N05 G00 X50 Z50 T0100;(取消"01"号刀补)
N06 M02;
```

2.3.3　常用准备功能指令

1. 与坐标系有关的指令

（1）绝对坐标与增量坐标指令——G90/G91 指令

G90 指令：表示程序中的编程尺寸值是在某个坐标系下按绝对坐标给定的。

G91 指令：表示程序中编程尺寸值是相对于本段的起点，即编程尺寸值是本程序段各轴的移动增量，故 G91 又称增量坐标指令。

这两个指令是同组续效指令，也就是说在同一程序段中只允许用其中之一，而不能同时使用。数控系统通电后，默认情况下（即无 G90 又无 G91），系统按 G90 状态处理。此时所有输入的坐标值是以工件原点为基准的绝对坐标值，并且一直有效，直到在后面的程序段中出现 G91 指令为止。如图 2.12 所示，AB 和 BC 两个直线插补程序段的运动方向及坐标系。假设 AB 段已加工完，要加工 BC 段，刀具在 B 点。则该加工程序段为：

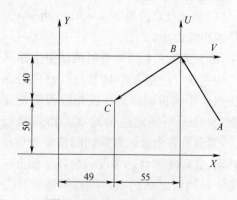

图 2.12　G90/G91 指令使用

绝对坐标:G90 G01 X49 Y50 F100;

增量坐标:G91 G01 X-55 Y-40 F100;

有的机床不用 G91 指定,而是自动在轨迹的起点建立平行于 X、Y、Z 的增量坐标系 U、V、W 则 BC 的加工程序段可写成: G01 U-55 V-40 F100; 。

(2)坐标系设定指令——G92 指令

预置寄存指令是按照程序规定的尺寸字值,通过当前刀具所在位置来设定加工坐标系的原点。执行该指令后,刀具(或机床)并不产生运动。

编程格式:**G92 Xa Yb Zc**;式中 X、Y、Z 的值是当前刀具位置相对于加工原点位置的值。

图 2.13 所示数控车的坐标系设定为 G92 X100 Z80;

注意:①车削编程中,X 尺寸字中的数值一般用坐标值的 2 倍,即用刀尖相对于回转中心的直径值编程。

②该指令程序段要求坐标值 X、Z 必须齐全,不可缺少,并且只能使用绝对坐标值,不能使用增量坐标值。

③在一个零件的全部加工程序中,根据需要,可重复设定或改变编程原点。

(3)坐标平面指定指令——G17、G18、G19 指令

G17、G18、G19 分别表示规定在 XY、ZX、YZ 坐标平面内的加工,如图 2.14 所示。

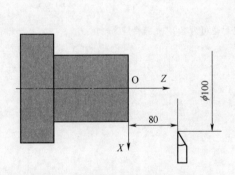

图 2.13　数控车床 G92 指令使用

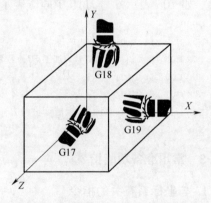

图 2.14　G17、G18、G19 指令使用

若数控系统只有在一个平面的加工能力,可省略。数控铣床中 XY 平面最常用,故 G17 可省略;在数控车床中,总是在 XZ 平面内运动,G18 可省略。

2. 运动控制指令

(1)快速点定位指令—— G00 指令

编程格式:G00　X—　　Y—　　Z—;

其中:X、Y、Z 为目标点的绝对或增量坐标。

快速点定位指令控制刀具以点位控制的方式快速移动到目标位置。该指令没有运动轨迹的要求,也无须规定进给速度。指令执行开始后,刀具沿着各个坐标方向同时按参数设定的速度移动,最后减速到达终点。在各坐标方向上有可能不是同时到达终点。刀具移动轨迹是几条线段的组合,不是一条直线。如图 2.15 所示,

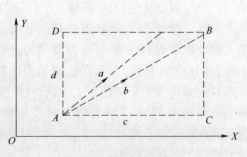

图 2.15　G00 指令使用

G00 控制刀具从 A 快速定位到 B，路径可以为 a、b、c、d 四种情况。

G00 指令中不需要指定速度，即 F 指令无效，系统快进的速度事先已确定。在 G00 状态下，不同数控机床坐标轴的运动情况可能不同。编程前应了解机床数控系统的 G00 指令各坐标轴运动的规律和刀具运动轨迹，避免刀具与工件或夹具碰撞。

（2）直线插补指令—G01

指令编程格式：G01　X—　Y—　Z—　　F—；

其中：X、Y、Z 为直线终点的绝对或增量坐标；F 为沿插补方向的进给速度。

直线插补指令 G01 按程序段中规定的合成进给速度 F，使刀具相对于工件，由当前位置沿直线移动到程序段中规定的位置。

【例 2.1】　铣削如图 2.16 所示零件，设 P 点为起刀点，刀具由 P 点快进到 A 点，然后沿 A–B–O–A 方向铣削，再快退至 P 点（绝对编程和增量编程）。

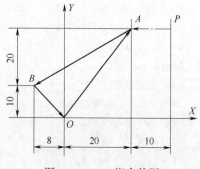

图 2.16　G01 指令使用

用绝对坐标编程：

```
O0100
N0010 G92 X30 Y30;
N0020 G90 G00 X20 M03 S500;
N0030 G01 X-8 Y10 F150;
N0040     X0  Y0;
N0050     X20 Y30;
N0060 G00 X30 M02;
```

用相对（增量）坐标编程：

```
O0110
N0010 G92  X30  Y30;
N0020 G91  G00  X-10  M03 S500;
N0030 G01  X-28 Y-20  F150;
N0040      X8   Y-10;
N0050      X20  Y30;
N0060 G00  X10  Y0  M02;
```

（3）圆弧插补指令— G02、G03

G02：顺时针圆弧插补。

G03：逆时针圆弧插补。

顺、逆时针方向判别规则：沿垂直于圆弧所在平面的坐标轴由正方向向负方向观察，来判别圆弧的顺逆时针方向，如图 2.17 所示。

圆弧加工程序段一般应包括圆弧所在的平面、圆弧的顺逆、圆弧的终点坐标以及圆心坐标（或半径 R）等信息。圆弧加工程序段的格式如下：

$$\begin{Bmatrix} G17 \\ G18 \\ G19 \end{Bmatrix} \begin{Bmatrix} G90 \\ G91 \end{Bmatrix} \begin{Bmatrix} G02 \\ G03 \end{Bmatrix} \begin{Bmatrix} X\_\_\ Y\_\_ \\ X\_\_\ Z\_\_ \\ Y\_\_\ Z\_\_ \end{Bmatrix} \begin{Bmatrix} I\_\_\ J\_\_ \\ I\_\_\ K\_\_ \\ J\_\_\ K\_\_ \\ R\_\_ \end{Bmatrix} F\_\_ *$$

圆弧的终点坐标由 X、Y、Z 的数值（绝对或增量尺寸）指定。程序段中的圆心坐标有两种表示方法：用圆

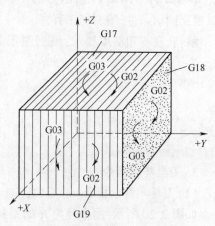

图 2.17　G02、G03 指令使用

弧圆心相对于圆弧起点的增量坐标 I、J、K 表示。用半径 R 表示(R 用代数值)时,同一半径的情况下,从圆弧的起点到终点有两个圆弧的可能性。因此在用半径值编程时,R 带有符号。当圆心角小于或等于 $180°$ 时,R 取正值;当圆心角大于 $180°$ 小于 $360°$ 时,R 取负值。

【例 2.2】 铣削加工图 2.18 所示的曲线轮廓,设 A 点为起刀点,从点 A 沿圆 C_1、C_2、C_3 到 D 点停止,方向如图中箭头所示,进给速度为 $150\ \text{mm/min}$。使用两种编程方法。

方法一:

```
N001 G92 X0 Y18 ;
N002 G90 G02 X18 Y0 I0 J-18 F150 S600 M03 ;
N003 G03 X68 Y0 I25 J0 ;
N004 G02 X88 Y20 I0 J20 M02 ;
```

方法二:

```
N001 G92 X0 Y18 ;
N002 G90 G02 X18 Y0 R18 F150 S600 M03 ;
N003 G03 X68 Y0 R25 ;
N004 G02 X88 Y20 R-20 M02 ;
```

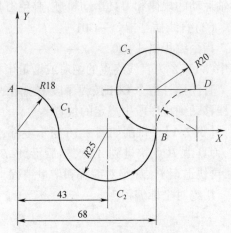

图 2.18　圆弧指令的应用

(4)暂停指令——G04

暂停指令 G04 可使刀具作短时的无进给运动。编程格式:G04 X- 或 G04 U- 或 G04 P-;(X、U 或 P 后的数值表示暂停的时间,或者是刀具、工件的转数,视具体数控系统而定。)G04 为非续效指令,只在本程序段有效。G04 使用的场合:

①不通孔作深度控制时,在刀具进给到规定深度后,用暂停指令使刀具作非进给光整切削,然后退刀,保证孔底平整。

②镗孔完毕后要退刀时,为避免留下螺旋划痕而影响表面粗糙度,应使轴停止转动,并暂停几秒,待主轴完全停止后再退刀。

③横向车槽时,应在主轴转过几转后再退刀,可用暂停指令。

④在车床上倒角或车顶尖孔时,为使表面平整,使用暂停指令使工件转过一转后再退刀。

【例 2.3】 图 2.19 所示为锪孔加工,孔底有粗糙度要求,根据图示条件,编制加工程序。

解:孔底有粗糙度要求,根据图示条件,编制加工程序如下:

```
O0001
……
N0010 G91 G01 Z-7 F60;
N0020 G04 X5(刀具停留 5 秒);
N0030 G00 Z7 M02;
```

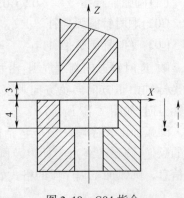

图 2.19　G04 指令

3. 刀具补偿指令

(1)刀具半补偿指令——G40、G41、G42

如图 2.20 所示,用半径为 R 的刀具加工外形轮廓为 AB 的工件,则刀具中心必须沿着与轮廓偏离 R 的距离的虚线轨迹 $A'B'$ 移动,才能加工出尺寸合格的工件。因此,刀具中心的运动轨迹与工件的轮廓不重合。如果不考虑刀具半径,直接按工件轮廓编程,加工时刀具中心运动轨迹与工件的轮廓重合。加工出来的零件变小了,不符合要求。为加工出尺寸符合要求的工件,可根据轮廓 *AB* 的坐标参数和刀具半径 *R* 计算出刀具轨迹 *A′B′* 的坐标参数,编制出程序进行加工。这样做很不方便,特别是当刀具磨损、重磨以及更换新刀等导致刀具半径变化时,又要重新计算。

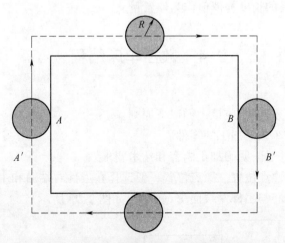

图 2.20　工件轮廓与刀具中心轨迹

中高档数控系统一般都具有刀具半径补偿功能,这样,在编制数控加工程序时可以不需要按刀具中心轨迹编程,而直接按轮廓编程。加工前通过操作面板输入补偿值后,数控系统会自动计算刀具中心轨迹,并令刀具按中心轨迹运动。刀具半径补偿指令有:左偏置指令 G41、右偏置指令 G42、刀具半径补偿取消指令 G40。沿着刀具运动方向看,刀具偏在工件轮廓的左侧,则为 G41 指令,如图 2.21 所示;沿着刀具运动方向看,刀具偏在工件轮廓的右侧,则为 G42 指令,如图 2.22 所示;G40 指令是使由 G41 或 G42 指定的刀具半径补偿无效。

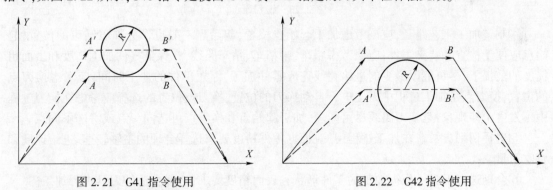

图 2.21　G41 指令使用　　　　　　　　图 2.22　G42 指令使用

刀具半径补偿与取消的程序段格式分别为

```
G00/G01 G41/G42 X_Y_D_F_;
G00(或G01) G40 X_Y_;
```

其中:*X*、*Y*——刀具半径补偿或取消时的终点坐标值;

　　　D——刀具偏置代码地址字,后面一般用两位数字表示。*D* 代码中存放刀具半径值或补偿值作为偏置量,用于计算刀具中心运动轨迹。

(2)刀具长度补偿建立与取消指令(G43/G44、G49/G40)

刀具长度补偿指令有:轴向正补偿指令 G43、轴向负补偿指令 G44、长度补偿取消指令

G49 或 G40 均为模态指令。正补偿指令 G43 表示刀具实际移动值为程序给定值与补偿值的和;负补偿指令 G44 表示刀具实际移动值为程序给定值与补偿值的差。

刀具长度补偿建立与取消的程序段格式分别为

```
G00/G01 G43/G44 Z_H_F_;
G00/G01 G49/G40 Z_;
```

其中:H 代码中存放刀具的长度补偿值作为偏置量。

2.4　数控车床编程

在数控车床上加工零件时,应该遵循以下原则:

①选择适合在数控车床上加工的零件。

②分析被加工零件图样,明确加工内容和技术要求。

③确定工件坐标系原点位置。原点位置一般选择在工件右端面和主轴回转中心交点 P ,也可以设在主轴回转中心与工件左端面交点 O 上,如图 2.23 所示。

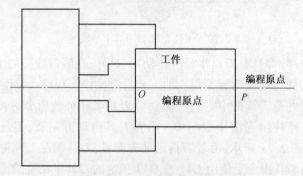

图 2.23　编程原点

④制定加工工艺路径,应该考虑加工起始点位置,起始点一般也作为加工结束的位置,起始点应便于检查和装夹工件;应该考虑粗车、半精车、精车路线,在保证零件加工精度和表面粗糙度的前提下,尽可能以最少的进给路线完成零件加工,缩短单件的加工时间;应考虑换刀点的位置,换刀点是加工过程中刀架进行自动换刀的位置,换刀点位置的选择应考虑在换刀过程中不发生干涉现象,且换刀路线尽可能短,加工起始点和换刀点可选同一点或者选不同点。

⑤选择切削参数。在加工过程中,应根据零件精度要求选择合理的主轴转速、进给速度和背吃刀量。

⑥合理选择刀具。根据加工的零件形状和表面精度要求,选择合适的刀具进行加工。

⑦编制加工程序,调试加工程序,完成零件加工。

2.4.1 数控车削加工的对象

数控车床是目前使用比较广泛的数控机床,主要用于轴类和盘类回转体工件的加工,能自动完全内外圆面、柱面、锥面、圆弧、螺纹等工序的切削加工,并能进行切槽、钻、扩、铰孔等加工,适合复杂形状工件的加工。与常规车床相比,数控车床还适合加工如下工件。

①轮廓形状特别复杂或难于控制尺寸的回转体零件。

②精度要求高的零件。

③特殊的螺旋零件:如特大螺距(或导程)、变螺距、等螺距与变螺距或圆柱与圆锥螺旋面之间作平滑过渡的螺旋零件,以及高精度的模数螺旋零件和端面螺旋零件。

④淬硬工件的加工:在大型模具加工中,有不少尺寸大而形状复杂的零件。这些零件热处理后的变形量较大,磨削加工困难,可以用陶瓷车刀在数控机床上对淬硬后的零件进行车削加工,以车代磨,提高加工效率。

2.4.2 数控车床对刀

1. 刀位点、对刀点的定义及如何确定换刀点

刀位点是指用于确定刀具在机床坐标系中位置的刀具上的特定点。常见刀具的刀位点如图 2.24 所示。

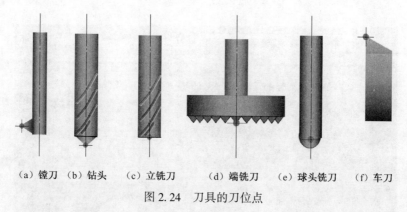

(a) 镗刀　(b) 钻头　(c) 立铣刀　(d) 端铣刀　(e) 球头铣刀　(f) 车刀

图 2.24　刀具的刀位点

对刀点又称程序起点或起刀点,是在数控机床上加工零件时,刀具相对于工件运动的起点。选择对刀点应遵循便于用数字处理和简化程序编制;在机床上找正容易,加工中便于检查;引起的加工误差小。对刀点可选择在工件上,也可选在工件外,但必须与零件的定位基准有尺寸关系;对刀点应尽量选择在零件的设计基准或工艺基准上,以提高加工精度。换刀点是指多刀加工的机床在加工过程中需要换刀,应设换刀点。换刀点位置可以是某固定点或者任意设定的一点。换刀点设置时应注意设在位于工件或夹具外部的位置。

2. 数控车床的对刀

数控车床上的对刀方法有两种:试切法对刀和机外对刀仪对刀。一般学校没有机外对刀仪这种设备,所以采用试切法对刀。本文以 FANUC OiT 数控系统为例来阐述这种形式的对刀及工件坐标系的建立方法。

对刀的基本原理是:对于每一把刀,假设将刀尖移至工件右端面中心,记下此时的机床指令 X、Z 的位置,并将它们输入到刀偏表里该刀的 X 偏置和 Z 偏置中。以后数控系统在执行程序指令时,会将刀具的偏置值加到指令的 X、Z 坐标中,从而保证所到达的位置正确。其具体操作如下:

①开启机床,释放●"急停",按●"回零",再按z和x,执行回参考点操作。

②按▣"主轴正转"启动主轴,按▥"手动",将刀具移动到合适的位置后按z—手动车削外圆,最后按+沿 Z 向退刀,如图 2.25 所示。

③按▣"主轴停止"停止主轴,然后测量试切部分的直径,测得直径为 φ71.622,按▣,选择"补正""形状",输入"X71.662",选择"测量"1 号刀的 X 偏置会自动计算出来,如图 2.26 所示。

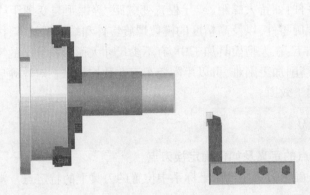

图 2.25　车外圆

图 2.26　输入对刀的 X 值

④按█"主轴正转"启动主轴,按█"手动",将刀具移动到合适的位置然后,按█ █手动车削端面,最后按█沿 X 向退刀,如图 2.27 所示。

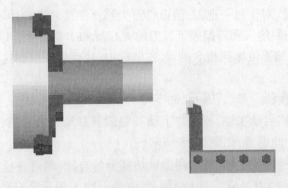

图 2.27　车端面

⑤按 [ ]"主轴停止"停止主轴,按 [OFFSET SETTING],选择"补正""形状",将光条移动到 1 号刀的 Z 处,输入"Z0",选择"测量",1 号刀的 Z 偏置会自动计算出来,如图 2.28 所示。

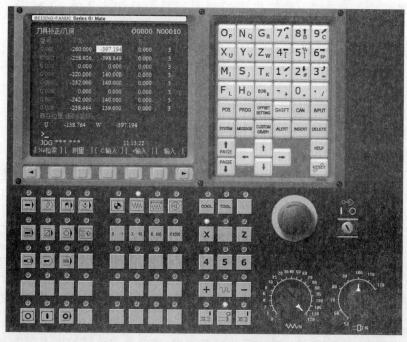

图 2.28　输入对刀的 Z 值

其他刀号的刀,对刀过程与 1 号刀类似。程序中,每把刀具在使用前,都应该用 T 指令调用相应的刀偏,如 T0101、T0202 等。

2.4.3　数控车削加工工艺处理

1. 确定工件的加工部位和具体内容

确定被加工工件需在本机床上完成的工序内容及其与前后工序的联系。

①工件在本工序加工之前的情况,如铸件、锻件或棒料、形状、尺寸、加工余量等。

②前道工序已加工部位的形状、尺寸或本工序需要前道工序加工出的基准面、基准孔等。

③本工序要加工的部位和具体内容。

④为了便于编制工艺及程序,应绘制出本工序加工前毛坯图及本工序加工图。

2. 确定工件的装夹方式与设计夹具

根据已确定的工件加工部位、定位基准和夹紧要求,选用或设计夹具。数控车床多采用三爪自定心卡盘夹持工件;轴类工件还可采用尾座顶尖支持工件。由于数控车床主轴转速极高,为便于工件夹紧,多采用液压高速动力卡盘,具有高转速(极限转速可达 4 000~6 000 r/min)、高夹紧力(最大推拉力为 2 000~8 000 N)、高精度、调爪方便、通孔、使用寿命长等优点。还可使用软爪夹持工件,软爪弧面由操作者随机配制,可获得理想的夹持精度。通过调整油缸压力,可改变卡盘夹紧力,以满足夹持各种薄壁和易变形工件的特殊需要。为减少细长轴加工时受力变形,提高加工精度,以及在加工带孔轴类工件内孔时,可采用液压自动定心中心架,定心精度可达 0.03 mm。

3. 确定加工方案

（1）确定加工方案的原则

加工方案又称工艺方案，数控机床的加工方案包括制定工序、工步及走刀路线等内容。

在数控机床加工过程中，由于加工对象复杂多样，特别是轮廓曲线的形状及位置千变万化，加上材料不同、批量不同等多方面因素的影响，在对具体零件制定加工方案时，应该进行具体分析和区别对待，灵活处理。只有这样，才能使所制定的加工方案合理，从而达到质量优、效率高和成本低的目的。

制定加工方案的一般原则为：先粗后精，先近后远，先内后外，程序段最少，走刀路线最短以及特殊情况特殊处理。

①先粗后精。为了提高生产效率并保证零件的精加工质量，在切削加工时，应先安排粗加工工序，在较短的时间内，将精加工前大量的加工余量去掉，同时尽量满足精加工的余量均匀性要求。

当粗加工工序安排完后，应接着安排换刀后进行的半精加工和精加工。其中，安排半精加工的目的是，当粗加工后所留余量的均匀性满足不了精加工要求时，则可安排半精加工作为过渡性工序，以便使精加工余量小而均匀。

在安排可以一刀或多刀进行的精加工工序时，其零件的最终轮廓应由最后一刀连续加工而成。这时，加工刀具的进退刀位置要考虑妥当，尽量不要在连续的轮廓中安排切入和切出或换刀及停顿，以免因切削力突然变化而造成弹性变形，致使光滑连接轮廓上产生表面划伤、形状突变或滞留刀痕等疵病。

②先近后远。这里所说的远与近，是按加工部位相对于对刀点的距离大小而言的。在一般情况下，特别是在粗加工时，通常安排离对刀点近的部位先加工，离对刀点远的部位后加工，以便缩短刀具移动距离，减少空行程时间。对于车削加工，先近后远有利于保持毛坯件或半成品件的刚性，改善其切削条件。

③先内后外。对既要加工内表面（内型、内腔），又要加工外表面的零件，在制定其加工方案时，通常应安排先加工内型和内腔，后加工外表面。这是因为控制内表面的尺寸和形状较困难，刀具刚性相应较差，刀尖（刃）的耐用度易受切削热影响而降低，以及在加工中清除切屑较困难等。

④走刀路线最短。确定走刀路线的工作重点，主要用于确定粗加工及空行程的走刀路线，因精加工切削过程的走刀路线基本上都是沿其零件轮廓顺序进行的。

走刀路线泛指刀具从对刀点（或机床固定原点）开始运动起，直至返回该点并结束加工程序所经过的路径，包括切削加工的路径及刀具引入、切出等非切削空行程。在保证加工质量的前提下，使加工程序具有最短的走刀路线，不仅可以节省整个加工过程的执行时间，还能减少一些不必要的刀具消耗及机床进给机构滑动部件的磨损等。

（2）加工路线与加工余量的关系

在数控车床还未达到普及使用的条件下，一般应把毛坯件上过多的余量，特别是含有锻、铸硬皮层的余量安排在普通车床上加工。如必须用数控车床加工时，则要注意程序的灵活安排。安排一些子程序对余量过多的部位先作一定的切削加工。

①对大余量毛坯可安排进行阶梯切削加工路线。

②分层切削时刀具的终止位置合理安排。

（3）车螺纹时的主轴转速

数控车床加工螺纹时，因其传动链的改变，原则上其转速只要能保证主轴每转一周时，刀具沿主进给轴（多为 Z 轴）方向位移一个螺距即可，不应受到限制。但数控车床加工螺纹时，会受到以下几方面的影响：

①螺纹加工程序段中指令的螺距（导程）值，相当于以进给量（mm/r）表示的进给速度 F，如果将机床的主轴转速选择过高，其换算后的进给速度（mm/min）则必定大大超过正常值。

②刀具在其位移的始/终，都将受到伺服驱动系统升/降频率和数控装置插补运算速度的约束，由于升/降频特性满足不了加工需要等原因，则可能因主进给运动产生的"超前"和"滞后"而导致部分螺牙的螺距不符合要求。

③车削螺纹必须通过主轴的同步运行功能而实现，即车削螺纹需要有主轴脉冲发生器（编码器）。当其主轴转速选择过高，通过编码器发出的定位脉冲（即主轴每转一周时所发出的一个基准脉冲信号）将可能因"过冲"（特别是当编码器的质量不稳定时）而导致工件螺纹产生乱扣。

4. 确定切削用量与进给量

在编程时，编程人员必须确定每道工序的切削用量。选择切削用量时，一定要充分考虑影响切削的各种因素，正确选择切削条件，合理确定切削用量，可有效提高机械加工质量和产量。影响切削条件的因素有：机床、工具、刀具及工件的刚性；切削速度、切削深度、切削进给率；工件精度及表面粗糙度；刀具预期寿命及最大生产率；切削液的种类、冷却方式；工件材料的硬度及热处理状况；工件数量；机床的寿命。

上述诸因素中以切削速度、切削深度、切削进给率为主要因素。

切削速度快慢直接影响切削效率。若切削速度过小，则切削时间会加长，刀具无法发挥其功能；若切削速度太快，虽然可以缩短切削时间，但是刀具容易产生高热，影响刀具的寿命。决定切削速度的因素很多，概括起来有：

①刀具材料。刀具材料不同，允许的最高切削速度也不同。高速钢刀具耐高温切削速度不到 50 m/min，碳化物刀具耐高温切削速度可达 100 m/min 以上，陶瓷刀具的耐高温切削速度可高达 1 000 m/min。

②工件材料。工件材料硬度高低会影响刀具切削速度，同一刀具加工硬材料时切削速度应降低，而加工较软材料时，切削速度可以提高。

③刀具寿命。刀具使用时间（寿命）要求长，则应采用较低的切削速度。反之，可采用较高的切削速度。

④切削深度与进刀量。切削深度与进刀量大，切削抗力也大，切削热会增加，故切削速度应降低。

⑤刀具的形状。刀具的形状、角度的大小、刃口的锋利程度都会影响切削速度的选取。

⑥切削速度。机床刚性好、精度高可提高切削速度；反之，则需降低切削速度。

上述影响切削速度的诸因素中，刀具材质的影响最为主要。

切削深度主要受机床刚度的制约，在机床刚度允许的情况下，切削深度应尽可能大，如果不受加工精度的限制，可以使切削深度等于零件的加工余量。这样可以减少走刀次数。

主轴转速要根据机床和刀具允许的切削速度来确定。可以用计算法或查表法来选取。

进给量 f（mm/r）或进给速度 F（mm/min）要根据零件的加工精度、表面粗糙度、刀具和工件材料来选。最大进给速度受机床刚度和进给驱动及数控系统的限制。

　　编程员在选取切削用量时,一定要根据机床说明书的要求和刀具耐用度,选择适合机床特点及刀具最佳耐用度的切削用量。当然也可以凭经验,采用类比法确定切削用量。

2.4.4　数控车削编程实例

　　【例 2.4】　图 2.29 所示为简单轴类工件,毛坯为 $\phi45$ mm×120 mm 棒材,材料为 45 钢,数控车削端面、外圆。

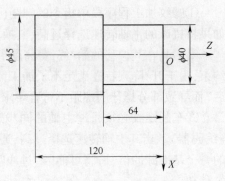

图 2.29　简单轴类零件图

　　(1)根据零件图样要求、毛坯情况,确定工艺方案及加工路线

　　①对短轴类零件,轴心线为工艺基准,用三爪自定心卡盘夹持 $\phi45$ 外圆,使工件伸出卡盘 80 mm,一次装夹完成粗精加工。

　　②工步顺序:粗车端面及 $\phi40$ mm 外圆,留 1 mm 精车余量;精车 $\phi40$ mm 外圆到尺寸。

　　(2)选择机床设备

　　根据零件图样要求,选用经济型数控车床即可达到要求。故选用 CK0630 型数控卧式车床。

　　(3)选择刀具

　　根据加工要求,选用两把刀具,T01 为 90°粗车刀,T03 为 90°精车刀。同时在自动换刀刀架上安装好两把刀,且都对好刀,把它们的刀偏值输入相应的刀具参数中。

　　(4)确定切削用量

　　切削用量的具体数值应根据该机床性能、相关的手册并结合实际经验确定,详见加工程序。

　　(5)确定工件坐标系、对刀点和换刀点

　　确定以工件右端面与轴心线的交点 O 为工件原点,建立 XOZ 工件坐标系,如图 2.30 所示。

　　采用手动试切对刀方法(操作与前面介绍的数控车床对刀方法基本相同)把点 O 作为对刀点。换刀点设置在工件坐标系下 X100、Z100 处。

　　(6)编写程序

　　按该机床规定的指令代码和程序段格式,把加工零件的全部工艺过程编写成程序清单。该工件的加工程序如下:

```
N0010   T0101   M03  S600;      取 1 号 90°偏刀,粗车
N0020   G00  X47;
N0030   Z0;
N0040   G01  X0  F80;
N0050   G00  Z2;
N0060   X41;                    粗车 φ40 mm 外圆,留 1 mm 精车余量
N0070   G01  Z-64  F100 ;
N0075   X47;
N0080   G00  X100  Z100 ;       回换刀点
N0090   T0303   M03  S1000 ;    取 3 号 90°偏刀,精车
N0100   G00  Z1;
```

```
N0110   X40 ;
N0120   G01  Z-64  F50  ;          精车 φ40 mm 外圆到尺寸
N0130   X47;
N0140   G00  X100  Z100;
N0150   M02;
```

【例 2.5】　编制图 2.30 所示为较复杂零件的数控程序,双点画线为 φ25 mm×70 mm 的坯料,粗车每次切深约 1 mm,精车余量为 0.5 mm。

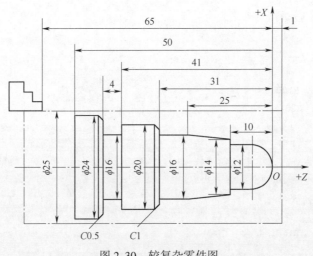

图 2.30　较复杂零件图

(1)根据零件图样要求、毛坯情况,确定工艺方案及加工路线

①对短轴类零件,轴心线为工艺基准,用三爪自定心卡盘夹持 φ25 mm 外圆,使工件伸出卡盘 66 mm,一次装夹完成粗精加工。

②工步顺序:粗车端面及外圆,留 1 mm 精车余量;精车外圆到尺寸;切槽、切断。

(2)选择机床设备

根据零件图样要求,选用经济型数控车床即可达到要求。故选用 CK0630 型数控卧式车床。

(3)选择刀具

根据加工要求,选用两把刀具,T01 为 90°粗精车刀,T02 为切槽刀(见图 2.31),刀宽为 4 mm。同时在自动换刀刀架上安装好两把刀,且都对好刀,把它们的刀偏值输入相应的刀具参数中。

(4)确定切削用量

切削用量的具体数值应根据该机床性能、相关的手册并结合实际经验确定,详见加工程序。

(5)确定工件坐标系、对刀点和换刀点

确定以工件右端面与轴心线的交点 O 为工件原点,建立 XOZ 工件坐标系,如图 2.30 所示。

采用手动试切对刀方法(操作与前面介绍的数控车床对刀方法基本相同)把点 O 作为对刀点。换刀点设置在工件坐标系下 X100、Z200 处。

(6)编写程序

按该机床规定的指令代码和程序段格式,把加工零件的

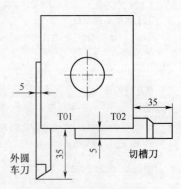

图 2.31　刀具布置图

全部工艺过程编写成程序清单。该工件的加工程序如下：

```
N0010   T0101   S1000   M03        主轴正转 1 000 r/min
N0020   G00   X27. Z0               车端面进刀点
N0030   G01   X-0.5   F80
N0040   G00   Z2.
                X23.
```
第一次粗车进刀点
```
N7   G01   Z-44.5   F100
                X25.
N8   G00   Z2.
                X21.
```
第二次粗车进刀点
```
N9   G01   Z-44.5   F100
                X23.
N10   G00   Z2.
                X19.
```
第三次粗车进刀点
```
N11   G01   Z-30.5   F100
                X21.
N12   G00   Z2.
                X17.
```
第四次粗车进刀点
```
N13   G01   Z-30.5   F100
                X19.
N14   G00   Z2.
                X15.
```
第五次粗车进刀点
```
N15   G01   Z-9.5   F100
                X17.
N16   G00   Z2.
                X13.
```
第六次粗车进刀点
```
N17   G01   Z-9.5   F100
                X15.
N18   G00   Z2.
                X9.
```
第七次粗车进刀点
```
N19   G01   X13. Z-5.   F80
N20   G00   Z2.
                X0.
```
精车进刀点
```
N21   G01   Z0   F70
N22   G03   X12. Z-6. I0   K-6.       车头部圆弧
N23   G01   Z-10.   F80               车 φ12 柱面
                X14.
                X16.   Z-25.
            车锥面
```

```
                           Z-31
                           X18
                           X20. Z-32.
                           车 C1 倒角
                           Z-45.
                           X23.
                           X24. Z-45.5 车 C0.5 倒角
                           Z-55.      车 φ24 柱面
  N24 G00 X100. Z200.                 快退至换刀点
  N25 M06 T0202                       换切槽刀 T02
  N26 G00 X25. Z-45.                  快进至切槽进刀点
  N27 G01 X16. F60                    切槽
  N28 G04 P1000                       切槽暂停 1 s
  N29 G01 X25.F150                    径向进刀
  N30 G00 Z-54.                       切断进刀点
  N31 G01 X-0.5 F60                   切断
  N32 G00 X200.Z100. M05             快速退至起始位置
  N33 M02
```

2.5　数控铣床编程

数控铣削加工除了具有普通铣床加工的特点外,还有如下特点:

①零件加工的适应性强、灵活性好,能加工轮廓形状特别复杂或难以控制尺寸的零件,如模具类零件、壳体类零件等。

②能加工普通机床无法加工或很难加工的零件,如用数学模型描述的复杂曲线零件以及三维空间曲面类零件。

③能加工一次装夹定位后,需进行多道工序加工的零件。

④加工精度高、加工质量稳定可靠。

⑤生产自动化程序高,可以减轻操作者的劳动强度。有利于生产管理自动化。

⑥生产效率高。

⑦从切削原理上讲,无论是端铣或是周铣都属于断续切削方式,而不像车削那样连续切削,因此对刀具的要求较高,具有良好的抗冲击性、韧性和耐磨性。在干式切削状况下,还要求有良好的红硬性。

2.5.1　数控铣削零件图样工艺分析

在数控工艺分析时,首先要进行工艺分析,分析零件各加工部位的结构工艺性是否符合数控加工的特点,其主要内容包括:

①零件图样尺寸标注应符合编程的方便。在数控加工零件图上,宜采用以同一基准引注尺寸或直接给出坐标尺寸。这种标注方法,既便于编程,又便于协调设计基准、工艺基准、检测基准与编程零点的设置和计算。

②内槽圆角的大小决定着刀具直径的大小,因而内槽圆角半径不应过小。图 2.32 所示为数控加工工艺性对比,图 3.2(b)与图 3.2(a)相比,转接圆弧半径大,可以采用较大直径的铣

刀进行加工。加工平面时,进给次数相应减少,表面加工质量会好一些,所以工艺性较好。

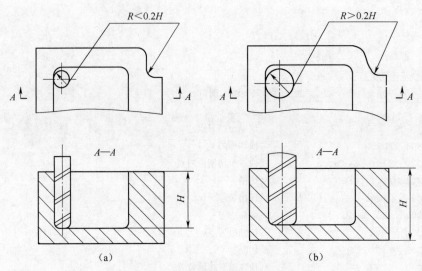

图 2.32　数控加工工艺性对比

③零件轮廓结构的几何元素条件应充分。在编程时要对构成零件轮廓的所有几何元素进行定义。在分析零件图时,要分析各种几何元素的条件是否充分,如果不充分,则无法对被加工的零件进行编程或造型。

④零件铣削面的槽底圆角半径或底板与缘板相交处的圆角半径 r 不宜太大。由于铣刀与铣削平面接触的最大直径 $d=D-2r$,其中 D 为铣刀直径。当 D 一定时,圆角半径 r 越大(见图 2.33),铣刀端刃铣削平面的能力越差,效率也就越低,工艺性也越差。当 r 大到一定程度时甚至必须用球头铣刀加工,这是应当避免的。当 D 越大而 r 越小,铣刀端刃铣削平面的面积就越大,加工平面的能力越强,铣削工艺性也越好。有时,铣削的底面面积较大,底部圆弧 r 也较大时,可以用两把 r 不同的铣刀分两次进行切削。

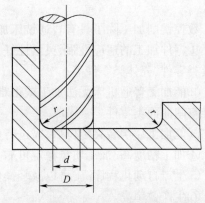

图 2.33　零件底面圆弧对加工工艺的影响

⑤保证基准统一原则。若零件在铣削完一面后再重新安装铣削另一面,由于基准不统一,往往会因为零件重新安装而接不好刀,加工结束后正反两面上的轮廓位置及尺寸不协调。因此,尽量利用零件本身具有的合适的孔或以零件轮廓的基准边或专门设置工艺孔(如在毛坯上增加工艺凸台或在后续工序去除余量上设置基准孔)等作为定位基准,保证两次装夹加工后相对位置的准确性。

⑥考虑零件的变形情况。当零件在数控铣削过程中有变形情况时,不但影响零件的加工质量,有时,还会出现崩刀的现象。这时就应该考虑铣削的加工工艺问题,尽可能把粗、精加工分开或采用对称去余量的方法。当然也可以采用热处理的方法来解决。

2.5.2　数控铣削加工路线的确定

在数控加工中,刀具(严格说是刀位点)相对于工件的运动轨迹和方向称为加工路线。即刀具从对刀点开始运动起,直至结束加工所经过的路径,包括切削加工的路径及刀具引入、返回等非切削空行程。加工路线的确定首先必须保证被加工零件的尺寸精度和表面质量,其次考虑数值计算简单,走刀路线尽量短,效率较高等。下面举例分析数控铣床加工零件时常用的加工路线。

1. 轮廓铣削加工路线分析

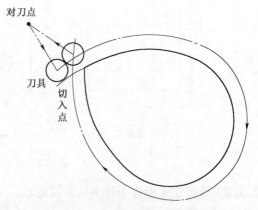

对于连续铣削轮廓,特别是加工圆弧时,要注意安排好刀具的切入、切出,要尽量避免交接处重复加工,否则会出现明显的界限痕迹。如图 2.34 所示,刀具切入零件时,应沿切削起始点延伸线逐渐切入工件,保证零件曲线的平滑过渡。同样,在切离工件时,也要沿着切削终点延伸线逐渐切离工件。

用圆弧插补方式铣削外整圆时,要安排刀具从切向进入圆周铣削加工,当整圆加工完毕后,不要在切点处直接退刀,而让刀具多运动一段距离,最好沿切线方向退出,以免取消刀具补偿时,刀具与工件表面相碰撞,造成工件报废,如

图 2.34　刀具从曲线延长线切入和切出轮廓的加工路线

图 2.35 所示。铣削内圆弧时,也要遵守从切向切入的原则,安排切入、切出过渡圆弧,如图 2.36 所示。

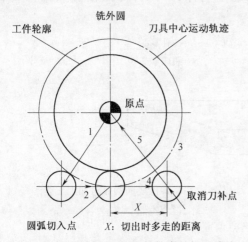

图 2.35　刀具切入和切出外轮廓的加工路线

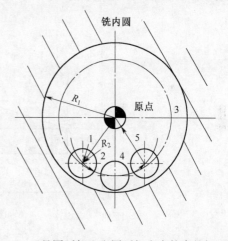

图 2.36　刀具圆弧切入和圆弧切出内轮廓的加工路线

2. 孔系加工的路线

对于位置精度要求较高的孔系加工,特别要注意孔的加工顺序的安排,安排不当时,就有可能将沿坐标轴的反向间隙带入,直接影响位置精度。如图 2.37 所示,图 2.37(a)为零件图,在该零件上加工 4 个尺寸相同的孔,有两种加工路线。当按图 2.37(b)所示路线加工时,加工路线最短,但由于 4 孔与 1、2 孔定位方向相反,Y 方向反向间隙会使定位误差增加,而影响 4 孔与其他孔的位置精度。按图 2.37(c)所示路线,加工路线变长,当加工完 3 孔后,往上移动一段距离到 P 点,然后再折回来加工 4 孔,这样方向一致,可避免反向间隙的引入,提高 3、4 孔与其他孔的位置精度。

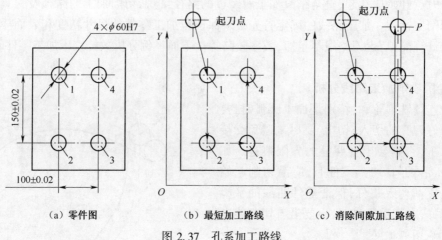

（a）零件图　　　　　（b）最短加工路线　　　　（c）消除间隙加工路线

图 2.37　孔系加工路线

2.5.3　数控铣床编程工件坐标系设定

1. 数控铣床编程工件坐标系设定指令 G54~G59

工件坐标系设定除了可用前面提到的 G92 指令外,在铣削加工编程中还可采用另外一组坐标系设定指令,即 G54~G59。

要采用 G54~G59 指令,操作者在实际加工前,应测量工件坐标系原点与机床坐标系原点之间的偏置值,并在数控系统中预先设定。这个值称为"工件零点偏置",如图 2.38 所示。

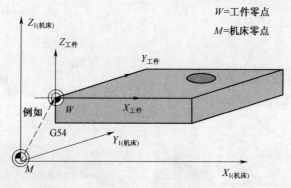

W=工件零点
M=机床零点

图 2.38　工件零点偏置

对于每个零点偏置值,可分别对应 G54、G55、G56、G57、G58、G59 指令,因此共可指定 6 个工件坐标系,供编程人员选用。实际加工程序编制工作中,常遇到下列情况:箱体零件上有多个加工面;同一个加工面上有几个加工区;在同一机床工作台上安装几个相同的加工零件。此时,对各加工零件、各加工区或加工面,允许用 G54~G59 指令分别设定工件坐标系,编程时加以调用。图 2.39 所示为在一个面上加工多个轮廓,每个轮廓有各自的尺寸基准,为便于编程,设定四个工件坐标系,分别用 G54、G55、G56、G57 四个原点偏置寄存器存放工件 1、工件 2、工件 3、工件 4 四个工件原点相对于机床坐标系原点的偏移值。

2. 数控铣床对刀

数控铣床对刀就是确定工件坐标系在机床坐标系中的位置,即工件偏置,把位置信息输入

数控系统中,编程时调用即可。具体操作如下:

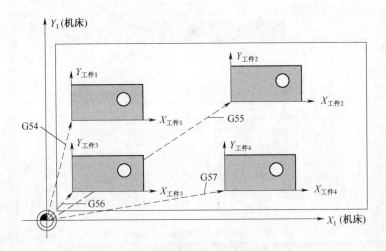

图 2.39　多个工件零点的设置

①开启机床,按 ▨"回零",选择 ▨,按 ▨,Z 轴回零;选择 ▨,按 ▨,X 轴回零;选择 ▨,按 ▨,Y 轴回零。如图 2.40 所示,表明机床回零。

②按 ▨ 启动主轴,按 ▨"手动",将刀具移动到合适的位置,如图 2.41 所示。铣削零件的编程原点,X、Y 向零点一般可选在设计基准或工艺基准的端面或孔的中心线上,对于有对称部分的工件,可以选在对称面上。Z 向的编程原点,习惯选在工件上表面,这样当刀具切入工件后 Z 向尺寸字均为负值,以便于检查程序。此时,记下刀具的位置 $X_1 = -396.786$,$Y_1 = -201.208$,$Z_1 = -133.881$,把这些参数输入到数控系统中。

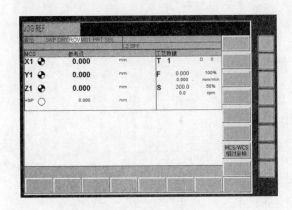

图 2.40　机床回零

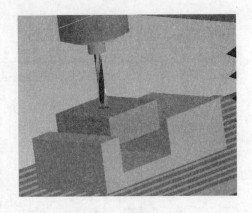

图 2.41　铣床对刀

③按 ▨"偏置参数",选择 ▨,把上面记下的值对应输入到 G54、X、Y、Z 中,如图 2.42 所示,完成偏置设定。当然也可以输入到 G55~G59 中,编程时调用输入坐标系。

2.5.4　数控铣削编程实例

1. 加工图 2.43 所示零件外轮廓,用刀具半径补偿指令编程。

(1)根据图样要求,确定工艺方案及加工路线

以底面为定位基准,两侧用压板压紧,固定于铣床工作台上。为了提高表面质量,保证

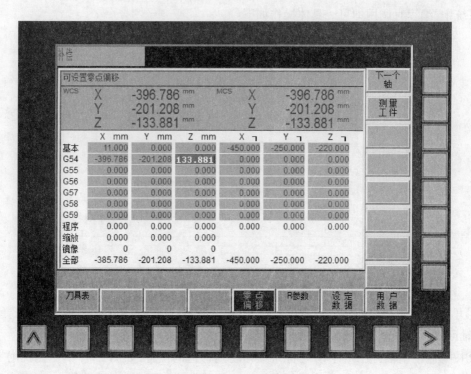

图 2.42　设置 G54

零件曲面的平滑过渡,刀具沿零件轮廓延长线切入与切出。$O \rightarrow A$ 为刀具半径左补偿建立段,A 点为沿轮廓延长线切入点,$B \rightarrow O$ 为刀具半径补偿取消段,B 点为沿轮廓延长线切出点。

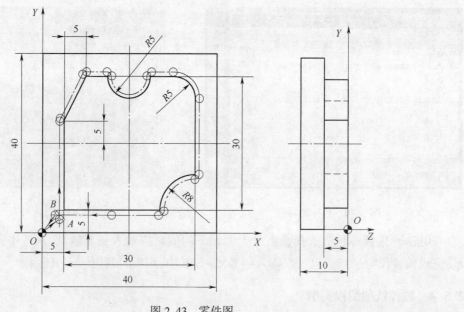

图 2.43　零件图

(2)选择机床设备

根据零件图样要求,选用经济型数控铣床即可达到要求。

（3）选择刀具

根据轮廓中凹圆的直径，采用 ϕ8 mm 的平底立铣刀，定义为 T01，并把该刀具的直径输入刀具参数表中。

（4）确定切削用量

切削用量的具体数值应根据该机床性能、相关的手册并结合实际经验确定，详见加工程序。

（5）确定工件坐标系和对刀点

在 XOY 平面内确定以 O 点为工件原点，Z 方向以工件上表面为工件原点，建立工件坐标系。采用手动对刀方法把 O 点作为对刀点。

（6）编写程序

按该机床规定的指令代码和程序段格式，把加工零件的全部工艺过程编写成程序清单。该工件的加工程序如下：

```
O0003;
G54;
S800 M03;
G00 Z100.0;
X0 Y0;
Z5.0;
G01 Z-5.0 F100;
G41 X5.0 Y3.0 F120 D01;
Y25.0;
X10.0 Y35.0;
X15.0;
G03 X25.0 R5.0;
G01 X30.0;
G02 X35.0 Y30.0 R5.0;
G01 Y13.0;
G03 X27.0 Y5.0 R8.0;
G01 X3.0;
G40 X0 Y0;
G00 Z100.0;
M05;
M30;
```

说明：①D 代码必须配合 G41 或 G42 指令使用，D 代码应与 G41 或 G42 指令在同一程序段给出，或者可以在 G41 或 G42 指令之前给出，但不得在 G41 或 G42 指令之后。

②D 代码是刀具半径补偿号，其具体数值在加工或试运行之前已设定在刀具半径补偿存储器中；

③D 代码是模态代码，具有续效性。

2. 铣削图 2.44 所示的零件。来料是 45 钢、70 mm×70 mm×20 mm 的半成品，上下表面已磨平，四侧面两两平行且与上下表面垂直，这些面可以做定位基准。该零件材料切削性能较好。

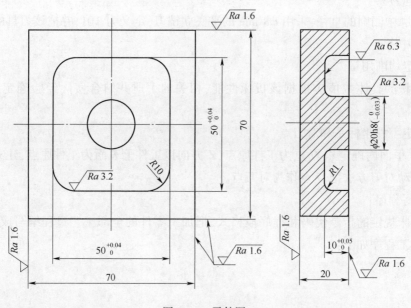

图 2.44　零件图

1. 确定装夹方案

（1）定位基准

从来料情况知道,70 mm×70 mm 两侧面平行且与上下表面垂直,上下表面平行且下表面在上道工序已加工就绪,定位基准选下表面、一侧面及另一侧面。下表面限制 3 个自由度,一侧面简化为 1 条线限制 2 个自由度,另一侧面简化为 1 个点限制 1 个自由度,工件处于完全定位状态。该零件整个加工过程只需 1 次装夹。

（2）夹具

单件生产,零件小、外形规整,盘形型腔到毛坯边侧没有精度要求。选用机用平口钳。

2. 确定加工方案

根据零件形状及加工精度要求,型腔及孤岛用立铣刀分粗、精铣两工步完成加工。

3. 选择刀具及切削用量

选用 14 mm 高速钢环形立铣刀,深度分 4 次铣削,先铣 4.9 mm,再铣 5 mm,剩下的 0.1 mm 随同精铣一起完成,孤岛外轮廓及型腔周边均留 0.3 mm 精铣余量。

4. 建立工件坐标系

为了便于计算基点坐标、对刀操作等,工件坐标系可以设置在工件的对称中心上或工件的某一个角上。这一工件形状规则、对称,故将工件坐标系建立在工件的对称中心上,如图 2.45 所示。

5. 确定编程方案及刀具路径

铣刀从 1 点下刀,在 1—2 段建立刀补后从切线方向接近孤岛,沿孤岛外轮廓走一周,从 3 点圆弧切出,再从 5—6 圆弧切入型腔内轮廓,沿内轮廓走一周后从 6—15 圆弧切出,15—1 段为直线段,在该段撤销刀补。Z 向分两次深度进刀。X-Y 平面轮廓加工用第 1 级子程序编制, Z 向分 2 次深度循环用第 2 级子程序编制。粗、精加工通过刀补设置,精加工至图纸尺寸。

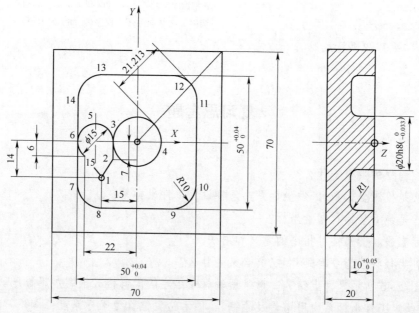

图 2.45　加工路线

有子程序时,常先编子程序后编主程序。

SUB123	分层加工型腔子程序
N5 G90 G01 G41 D01 X-10 Y-7 F140 ;	建立刀补到达点 2,D01 = 7.3(精加工用 F80,修改 D01 = ?)
N10 X-10 Y0 ;	点 3
N15 G02 I10 J0 ;	铣弧岛圆
N20 G03 X-25 Y0 CR = -7.5 ;	点 6
N25 G01 X-25 Y-15 ;	点 7
N30 G03 X-15 Y-25 CR = 10 ;	点 8
N35 G01 X15 Y-25 ;	点 9
N40 G03 X25 Y-15 CR = 10 ;	点 10
N45 G01 X25 Y15 ;	点 11
N50 G03 X15 Y25 CR = 10 ;	点 12
N55 G01 X-15 Y25 ;	点 13
N60 G03 X-25 Y15 CR = 10 ;	点 14
N65 G01 X-25 Y0 ;	点 6
N70 G03 X-22 Y-6 CR = 7.5 ;	点 15
N75 G01 G40 X-15 Y-14 ;	撤销刀补回到下刀点 1
N80 M17;	
SUB122	Z 向循环子程序
N5 G91 G01 Z-5 F30 ;	Z 向慢速下切 5 mm(精加工时 Z-5→Z-10)
N10 SUB123 ;	调用加工型腔子程序 SUB123
N15 M17 ;	
MAN1201	加工型腔主程序
N5 G54 G90 G00 X-15 Y-14 F30 S570 M03 ;	状态准备且在高空对准下刀点,主轴正转粗加工 S570,精加工 S650
N10 Z2 M08 ;	Z 轴快速下到安全平面 Z = 2 处

N15 G01 Z0.1 ;　　　　　　　　　Z轴慢速下到 Z=0.1 处(粗加工 Z0.1,精加工 Z0)

N20 SUB122P2 ;　　　　　　　　　调用 2 次 Z 向循环子程序(精加工时取消)

N25 G90 G00 Z300 M09 ;

N30 M30 ;

复习思考题

1. 数控编程的步骤是什么?

2. 什么是机床坐标系、工件坐标系? 怎样设定工件坐标系?

3. 什么是绝对坐标和增量坐标?

4. 简述直线和圆弧插补指令的意义和用法。

5. 刀补半径补偿指令有哪几种,其含义是什么?

6. 在图 2.46 所示零件上钻孔。请采用教材中给定的代码格式编制加工程序。要求:

(1)在给定工件坐标系内用增量尺寸编程,图示钻尖位置为坐标原点;

(2)坐标原点为程序的起点和终点,钻孔顺序为 Ⅰ→Ⅱ→Ⅲ;

(3)进给速度为 50 mm/min,主轴转速 600 r/min;

(4)钻通孔时,要求钻头钻出工件表面 4 mm。

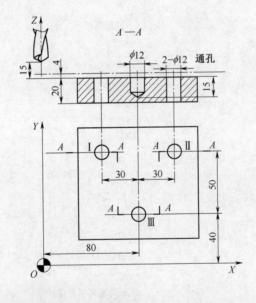

图　2.46

7. 编制图 2.47 所示零件的数控程序,双点画线为 ϕ100 坯料,机床切削能力允许最大单边切削深度为 5 mm,主轴转速为 800 r/min,使用 1#外圆车刀,1#刀具补偿,进给速度为 50 mm/min。

8. 编写图所示零件的轮廓铣削加工数控加工程序。

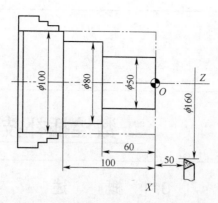

图 2.47

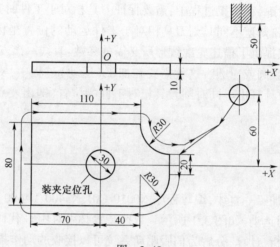

图 2.48

第3章

➡ 数控插补技术

3.1 概　述

为了加工零件的轮廓,在加工过程中,需要保证刀具相对于工件时刻运动的位置是在零件轮廓的轨迹上,这就需要知道不同时刻刀具相对于工件运动的位置坐标,以便实现位置控制。而在零件加工程序中仅提供了描述轮廓线形所必需的参数:直线——出发点和终点坐标;圆弧——出发点、终点坐标以及顺圆或逆圆。这就需要在加工(运动)过程中,实时地根据给定轮廓线形和给定进给速度要求计算出不同时刻刀具相对工件的位置,即出发点和终点之间的若干个中间点,这就是插补。

3.1.1 数控插补的概念

1. 插补的概念

数控编程时,需要加工一直线,编写程序 N0010 G01 X3400 Y4600 F100;数控机床就会控制工作台和刀具做相对运动,如图 3.1 所示。数控装置必须对用 G 代码(或其他语言)表达的加工任务进行解释、分析、计算,分解为伺服驱动系统可以接收的动作指令,驱动执行部件按特定的规律运动,完成加工任务。

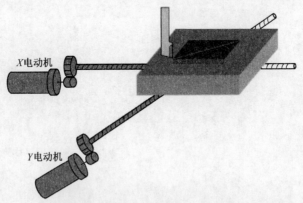

X电动机

Y电动机

图 3.1　工作台和刀具相对运动图

如何协调并控制两个坐标轴 X、Y 的运动,使得刀具能相对工件从起点沿直线运动到终点。图 3.2 所示为可能的走刀方式,从图中可以看出刀具或工件的移动轨迹是小线段构成的折线,实质上是用刀具走的折线逼近轮廓线形。在轮廓加工中,数控机床刀具的轨迹必须严格准确地按零件轮廓曲线运动。根据零件轮廓线形和轮廓的已知点,刀具的进给速度、刀具参数、进给方向等,计算出中间点坐标值的方法,称为插补方法或插补原理。插补的实质就是

"数据密化"。插补是在每个插补周期内，根据 CNC（Computer Numerical Control，计算机数字控制）机床指令、进给速度计算出一个微小直线段的数据，刀具沿着微小直线段运动，经过若干个插补周期后，刀具从起点运动到终点，完成这段轮廓的加工。在数控机床中，刀具或工件的最小位移量是机床坐标轴运动的一个分辨单位，由检测装置辨识，称为分辨率（闭环系统），又称脉冲当量（开环系统），或称最小设定单位。插补有插补拟合误差，但脉冲当量小（pm、μm级），插补拟合误差在加工误差范围内。

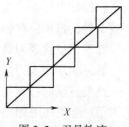

图 3.2　刀具轨迹

每种线形的插补方法，可以由不同的计算方法来实现，那么，具体实现插补原理的计算方法称为插补算法。插补算法的优劣直接影响 CNC 系统的性能指标。

2. 评价插补算法的指标

（1）稳定性指标

插补运算是一种迭代运算，即由上一次计算结果求得本次的计算结果：$X_i = X_{i-1} + \Delta i$。作为数值计算，每次计算会存在计算误差和舍进误差。

计算误差：指由于采用近似计算而产生的误差；

舍进误差：指计算结果圆整时所产生的误差。

对于某一算法，误差可能不随迭代次数的增加而积累，而另一算法误差可能随迭代次数的增加而积累，那么，一种算法对计算误差和舍进误差有没有积累效应，就是算法的稳定性。

为了确保轮廓加工精度，插补算法必须是稳定的。插补算法稳定的充分必要条件是，在插补计算过程中，其舍进误差和计算误差不随迭代次数的增加而积累。

（2）插补精度指标

插补精度指插补轮廓与给定轮廓的符合程度，可用插补误差来评价。

插补误差包括：逼近误差 δ_a、计算误差 δ_c、圆整误差 δ_r。

逼近误差和计算误差与插补算法密切相关。

要求：插补误差（轨迹误差）不大于系统的最小运动指令或脉冲当量。

（3）合成速度的均匀性指标

合成速度的均匀性是指插补运算输出的各轴进给量，经运动合成的实际速度与给定的进给速度的符合程度，由速度不均匀系数描述：

$$\lambda = \left| \frac{F - F_c}{F} \right| \times 100\%$$

式中：F——给定的进给速度；

F_c——实际合成进给速度。

合成进给速度 F_c 是给定进给速度经过一系列变换得到的，变化过程必产生误差，后果是 F_c 偏离 F 或 F_c 在 F 上下波动。若偏离或波动过大，势必会影响零件的加工质量和生产率。波动过大，严重时造成加工过程中的过大振动和噪声，降低刀具、机床的使用寿命。

另外，插补算法要尽可能简单，要便于编程。

3.1.2　插补方法的分类

1. 脉冲增量插补（基准脉冲插补）

每次插补结束时向各运动坐标轴输出一个基准脉冲，驱动各坐标轴进给电动机的运动。

每个脉冲使坐标轴产生 1 个脉冲当量的增量,代表刀具或工件的最小位移,如图 3.3 所示。

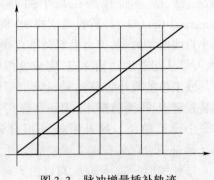

脉冲数量代表刀具或工件移动的位移量;

脉冲频率代表刀具或工件运动的速度。

这类算法的特点是:脉冲增量插补的实现方法比较简单(通常只用加法和移位运算),用硬件电路实现,运算速度快。适用步进电动机驱动的、中等精度或中等速度要求的开环数控系统。插补速度与进给速度密切相关,受步进电动机最高运行频率的限制。有的数控系统将其用于数据采样插补中的精插补。

图 3.3　脉冲增量插补轨迹

基准脉冲插补方法:逐点比较法、数字积分法、比较积分法、数字脉冲乘法器法、最小偏差法等。

2. 数据采样插补(数据增量插补、时间分割法)

数据采样插补运算结果输出的不是脉冲,而是数字量。插补运算分两步完成:粗插补和精插补。

①在粗插补中,根据编程进给速度,按插补周期将轮廓曲线分割为一系列微小直线段,一般由软件完成。

②在精插补中,将粗插补算出的每一微小直线段再作"数据点的密化"工作,一般由软件、硬件完成。

这类算法的特点是:

①插补程序以一定的时间间隔(插补周期)运行,在每个插补周期内,根据进给速度计算出各坐标轴在下一插补周期内的位移增量(数字量)。基本思想是:用直线段(内接弦线、内外均差弦线、切线)来逼近曲线。

②插补运算速度与进给速度无严格的关系,可达到较高进给速度。

③实现算法较脉冲增量插补复杂,对计算机运算速度有一定要求。

这类插补方法适用于交(直)流伺服电动机为执行元件的闭环和半闭环控制系统。数据采样插补方法:直线函数法、扩展数字积分法、二阶递归扩展数字积分法、双数字积分插补法等。

数控装置中完成插补运算工作的装置或程序称为插补器。可分为硬件插补、软件插补和软、硬件结合插补三种类型。

硬件插补器:用硬件逻辑电路完成(NC 中的插补器由数字电路组成,称为硬件插补)。早期 NC 数控系统采用,其运算速度快,但灵活性差,结构复杂,成本较高。完全是硬件的插补器已经逐渐被淘汰;目前采用粗、精二级插补的方法,用硬件插补器作二级插补(如 DDA 硬件插补专用芯片)。

软件插补器:CNC 中的插补器功能由软件来实现,利用 CNC 系统的微处理器执行相应的插补程序来实现。其结构简单,灵活易变,但速度较慢。CNC 数控系统多采用这种结构。

软硬件结合插补器:则是由软件全部或部分实现其插补功能。由于用软件实现插补运算,比硬件插补器运算速度慢,在 CNC 机床系统中插补功能常分为粗插补和精插补两步完成。粗插补用软件实现,把一个程序段分割为若干微小直线段,精插补在伺服驱动模块中,把各微小直线段再进行密化处理,使加工轨迹在允许的误差范围之内。所以插补功能直接影响系统控制精度和速度,是数控机床的重要技术指标。

3.2　脉冲增量插补

脉冲增量插补法实质是一个分配脉冲的过程,在插补过程中不断向各坐标轴发出相互协调的进给脉冲,控制机床坐标做相应的移动。常用的脉冲增量插补算法有:逐点比较法、数字积分法等。

3.2.1　逐点比较法插补

1. 逐点比较法插补的基本原理

逐点比较法又称代数运算法或醉步法,是一种边找边走的近似法,开环数控机床采用,可实现直线、圆弧、其他二次曲线(如椭圆、抛物线、双曲线等)插补。其优点是运算直观,最大插补误差≤1 个脉冲当量,脉冲输出均匀,调节方便。在两坐标联动的数控机床中应用广泛。缺点是不能直接进行多坐标的分配计算以实现多坐标联动,在控制轴多于 3 个时一般不用。

逐点比较法插补的基本原理是数控装置每次插补运算只向 1 个坐标轴输出 1 个进给脉冲,每走一步将刀具的瞬时坐标与理想轮廓相比较,由比较结果决定下一步刀具的移动方向,使刀具向减少偏差并趋近终点的方向移动。刀具每进给一步需要 4 个节拍,如图 3.4 所示。

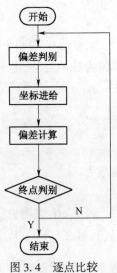

图 3.4　逐点比较法插补步骤

2. 平面直线插补

(1)偏差函数构造

判别刀具当前位置相对于给定轮廓的偏离情况,以此决定刀具移动方向。

加工直线 OE,以直线起点建立插补坐标系,起点坐标为原点 O,终点坐标 $E(X_e, Y_e)$,加工时动点为 $P(X, Y)$,如图 3.5 所示,则直线方程可以表示为

$$X_e Y - X Y_e = 0 \qquad (3.1)$$

直线 OE 为给定轨迹,$P(X, Y)$ 为动点坐标,动点与直线的位置关系有 3 种情况:动点在直线上方、直线上、直线下方。

①若 P_1 点在直线上方,则有

$$X_e Y - X Y_e > 0$$

②若 P 点在直线上,则有

$$X_e Y - X Y_e = 0$$

③若 P_2 点在直线下方,则有

$$X_e Y - X Y_e < 0$$

因此,可以构造偏差函数为

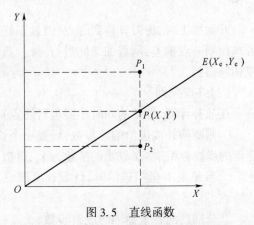

图 3.5　直线函数

$$F = X_e Y - X Y_e \tag{3.2}$$

对于第一象限直线,其偏差符号与进给方向的关系为:

$F=0$ 时,表示动点在 OE 上,如点 P,可向 $+X$ 向进给,也可向 $+Y$ 向进给。

$F>0$ 时,表示动点在 OE 上方,如点 P_1,应向 $+X$ 向进给。

$F<0$ 时,表示动点在 OE 下方,如点 P_2,应向 $+Y$ 向进给。

这里规定动点在直线上时,可归入 $F>0$ 的情况一同考虑。

(2) 偏差函数的递推计算(为便于计算机计算)

插补工作从起点开始,走一步,算一步,判别一次,再走一步,当沿两个坐标方向走的步数分别等于 X_e 和 Y_e 时,停止插补。下面将 F 的运算采用递推算法予以简化,动点 $P_i(X_i,Y_i)$ 的 F_i 值为

$$F_i = Y_i X_e - X_i Y_e \tag{3.3}$$

若 $F_i \geq 0$,表明 $P_i(X_i,Y_i)$ 点在 OE 直线上方或在直线上,应沿 $+X$ 向走一步,假设坐标值的单位为脉冲当量,走步后新的坐标值为 (X_{i+1},Y_{i+1}),且 $X_{i+1}=X_i+1$,$Y_{i+1}=Y_i$,新点

$$\begin{aligned}
F_{i+1} &= X_e Y_{i+1} - X_{i+1} Y_e \\
&= X_e Y_{i+1} - (X_i + 1) Y_e \\
&= X_e Y_i - X_i Y_e - X_e \\
&= F_i - Y_e
\end{aligned} \tag{3.4}$$

偏差为

$$F_{i+1} = F_i - Y_e$$

若 $F_i < 0$,表明 $P_i(X_i,Y_i)$ 点在 OE 的下方,应向 $+Y$ 方向进给一步,新点坐标值为 (X_{i+1},Y_{i+1}),且 $X_{i+1}=X_i$,$Y_{i+1}=Y_i+1$,新点的偏差为

$$\begin{aligned}
F_{i+1} &= X_e Y_{i+1} - X_{i+1} Y_e \\
&= X_e(Y_i + 1) - X_i Y_e \\
&= X_e Y_i - X_i Y_e + X_e \\
&= F_i + X_e
\end{aligned} \tag{3.5}$$

即

$$F_{i+1} = F_i + X_e$$

开始加工时,将刀具移到起点,刀具正好处于直线上,偏差为零,即 $F=0$,根据这一点偏差可求出新一点偏差,随着加工的进行,每一新加工点的偏差都可由前一点偏差和终点坐标相加或相减得到。

(3)终点判别

在插补计算、进给的同时还要进行终点判别。直线插补的终点判别可采用三种方法。

①判断插补或进给的总步数:设置一个长度计数器,从直线的起点走到终点,刀具沿 X 轴应走的步数为 X_e,沿 Y 轴走的步数为 Y_e,计数器中存入 X 和 Y 两坐标进给步数总和 $\Sigma = |X_e| + |Y_e|$,当 X 或 Y 坐标进给时,计数长度减一,当计数长度减到零时,即 $\Sigma = 0$ 时,停止插补,到达终点。

②分别判断各坐标轴的进给步数。

③仅判断进给步数较多的坐标轴的进给步数。

(4)逐点比较法直线插补举例

对于第一象限直线 OE,终点坐标 $X_e = 6$,$Y_e = 4$,插补从直线起点 O 开始,故 $F_0 = 0$。终点判别是判断进给总步数 $N = 6 + 4 = 10$,将其存入终点判别计数器中,每进给一步减 1,若 $N = 0$,

则停止插补。插补计算过程如表 3.1 所示。

表 3.1　逐点比较法直线插补计算过程

步数	判别	坐标进给	偏差计算	终点判别
0			$F_0 = 0$	$\sum = 10$
1	$F = 0$	$+X$	$F_1 = F_0 - Y_e = 0 - 4 = -4$	$\sum = 10 - 1 = 9$
2	$F < 0$	$+Y$	$F_2 = F_1 + X_e = -4 + 6 = 2$	$\sum = 9 - 1 = 8$
3	$F > 0$	$+X$	$F_3 = F_2 - Y_e = 2 - 4 = -2$	$\sum = 8 - 1 = 7$
4	$F < 0$	$+Y$	$F_4 = F_3 + X_e = -2 + 6 = 4$	$\sum = 7 - 1 = 6$
5	$F > 0$	$+X$	$F_5 = F_4 - Y_e = 4 - 4 = 0$	$\sum = 6 - 1 = 5$
6	$F = 0$	$+X$	$F_6 = F_5 - Y_e = 0 - 4 = -4$	$\sum = 5 - 1 = 4$
7	$F < 0$	$+Y$	$F_7 = F_6 + X_e = -4 + 6 = 2$	$\sum = 4 - 1 = 3$
8	$F > 0$	$+X$	$F_8 = F_7 - Y_e = 2 - 4 = -2$	$\sum = 3 - 1 = 2$
9	$F < 0$	$+Y$	$F_9 = F_8 + X_e = -2 + 6 = 4$	$\sum = 2 - 1 = 1$
10	$F > 0$	$+X$	$F_{10} = F_9 - Y_e = 4 - 4 = 0$	$\sum = 1 - 1 = 0$

插补轨迹如图 3.6 所示。

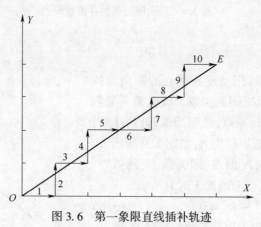

图 3.6　第一象限直线插补轨迹

（5）四象限的直线插补

假设有第三象限直线 L_3，如图 3.7 所示，起点坐标在原点 O，在第一象限有一条和它对称于原点的直线 L_1，按第一象限直线进行插补时，从 O 点开始把沿 X 轴正向进给改为 X 轴负向进给，沿 Y 轴正向改为 Y 轴负向进给，这时实际插补出的就是第三象限直线，其偏差计算公式与第一象限直线的偏差计算公式相同，仅仅是进给方向不同，输出驱动，应使 X 和 Y 轴电动机反向旋转。

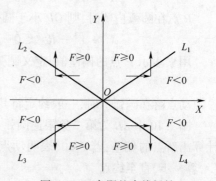

图 3.7　四象限的直线插补

由图 3.7 可见，靠近 Y 轴区域偏差大于零，靠近 X 轴区域偏差小于零。$F \geq 0$ 时，进给都是沿 X 轴，不管是 $+X$ 向还是 $-X$ 向，X 的绝对值增大；$F < 0$ 时，进给都是沿 Y 轴，不论 $+Y$ 向还是 $-Y$ 向，Y 的绝对值

增大。图 3.8 所示为四象限直线插补流程图。

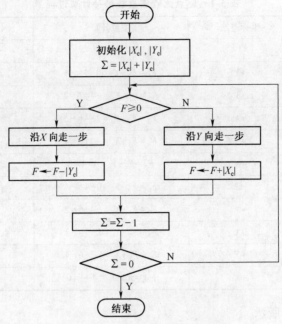

图 3.8　四象限直线插补流程图

3. 平面圆弧插补

（1）偏差函数构造

在圆弧加工过程中，可用动点到圆心的距离来描述刀具位置与被加工圆弧之间的关系。设在第一象限的逆圆弧，圆弧圆心在坐标原点，已知圆弧起点 $A(X_a, Y_a)$，终点 $B(X_b, Y_b)$，圆弧半径为 R，如图 3.9 所示。

加工点可能在三种情况出现，即圆弧上、圆弧外、圆弧内。当动点 $P(X, Y)$ 位于圆弧上时有

$$X^2 + Y^2 - R^2 = 0 \tag{3.6}$$

P 点在圆弧外侧时，则 OP 大于圆弧半径 R，即

$$X^2 + Y^2 - R^2 > 0 \tag{3.7}$$

P 点在圆弧内侧时，则 OP 小于圆弧半径 R，即

$$X^2 + Y^2 - R^2 < 0 \tag{3.8}$$

用 F 表示 P 点的偏差值，定义圆弧偏差函数判别式为

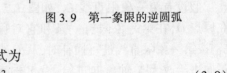

图 3.9　第一象限的逆圆弧

$$F = X^2 + Y^2 - R^2 \tag{3.9}$$

动点落在圆弧上时，一般约定将其和 $F>0$ 一并考虑。

图 3.10 中 AB 为第一象限逆圆弧 NR_1，若 $F \geqslant 0$ 时，动点在圆弧上或圆弧外，向 $-X$ 向进给，计算出新点的偏差；若 $F<0$，表明动点在圆内，向 $+Y$ 向进给，计算出新一点的偏差，如此走一步，算一步，直至终点。

由于偏差计算公式中有平方值计算，下面采用递推公式给予简化，对第一象限逆圆，$F_i \geqslant 0$，动点 $P_i(X_i, Y_i)$ 应向 $-X$ 向进给，新的动点坐标为 (X_{i+1}, Y_{i+1})，且 $X_{i+1} = X_i - 1$，$Y_{i+1} = Y_i$，则新动点的偏差值为

$$F_{i+1} = X_{i+1}^2 + Y_{i+1}^2 - R^2$$
$$= (X_i - 1)^2 + Y_i^2 - R^2$$
$$F_{i+1} = F_i - 2X_i + 1 \qquad (3.10)$$

若 $F_i<0$ 时,沿 $+Y$ 向前进一步,到达 (X_{i+1},Y_{i+1}) 点,且 $X_{i+1}=X_i$, $Y_{i+1}=Y_i+1$ 新动点的偏差值为

$$F_{i+1} = X_{i+1}^2 + Y_{i+1}^2 - R^2$$
$$= X_i^2 + (Y_i + 1)^2 - R^2$$
$$F_{i+1} = F_i + 2Y_i + 1 \qquad (3.11)$$

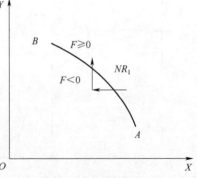

图 3.10 第一象限逆圆弧

进给后新点的偏差计算公式除与前一点偏差值有关外,还与动点坐标有关,动点坐标值随着插补的进行是变化的,所以在圆弧插补的同时,还必须修正新的动点坐标。

圆弧插补终点判别:将 X、Y 轴走的步数总和存入一个计数器,即

$$\sum = |X_b - X_a| + |Y_b - Y_a|$$

每走一步 $\sum$ 减 1,当 $\sum = 0$ 时发出停止信号。

(2)逐点比较法圆弧插补举例

现欲加工第一象限逆圆弧 AB,起点 $A(4,0)$,终点 $B(0,4)$,试用逐点比较法进行插补。插补计算过程如表 3.2 所示。

表 3.2 圆弧插补计算过程

步数	偏差判别	坐标进给	偏差计算	坐标计算	终点判别
起点			$F_0 = 0$	$X_0=4, Y_0=0$	$\sum = 4+4 = 8$
1	$F_0 = 0$	$-X$	$F_1 = F_0 - 2X_0 + 1$ $= 0 - 2\times4 + 1 = -7$	$X_1 = 4-1 = 3$ $Y_1 = 0$	$\sum = 8-1 = 7$
2	$F_1 < 0$	$+Y$	$F_2 = F_1 + 2y_1 + 1$ $= -7 + 2\times0 + 1 = -6$	$X_2 = 3$ $Y_2 = Y_1 + 1 = 1$	$\sum = 7-1 = 6$
3	$F_2 < 0$	$+Y$	$F_3 = F_2 + 2Y_2 + 1 = -3$	$X_3 = 4, Y_3 = 2$	$\sum = 5$
4	$F_3 < 0$	$+Y$	$F_4 = F_3 + 2Y_3 + 1 = 2$	$X_4 = 3, Y_4 = 3$	$\sum = 4$
5	$F_4 > 0$	$-X$	$F_5 = F_4 - 2X_4 + 1 = -3$	$X_5 = 4, Y_5 = 0$	$\sum = 3$
6	$F_5 < 0$	$+Y$	$F_6 = F_5 + 2Y_5 + 1 = 4$	$X_6 = 4, Y_6 = 0$	$\sum = 2$
7	$F_6 > 0$	$-X$	$F_7 = F_6 - 2X_6 + 1 = 1$	$X_7 = 4, Y_7 = 0$	$\sum = 1$
8	$F_7 < 0$	$-X$	$F_8 = F_7 - 2X_7 + 1 = 0$	$X_8 = 4, Y_8 = 0$	$\sum = 0$

根据计算过程,绘制插补轨迹如图 3.11 所示。

(3)四个象限中圆弧插补

第一象限顺圆弧 CD 的运动趋势是 Y 轴绝对值减少,X 轴绝对值增大,如图 3.12 所示。当动点在圆弧上或圆弧外,即 $F_i \geqslant 0$ 时,Y 轴沿负向进给,新动点的偏差函数为

$$F_{i+1} = F_i - 2Y_i + 1 \qquad (3.12)$$

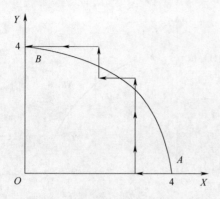

图 3.11 第一象限逆圆弧 AB 插补轨迹

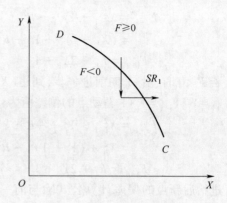

图 3.12 第一象限顺圆弧

$F_i < 0$ 时,X 轴沿正向进给,新动点的偏差函数为

$$F_{i+1} = F_i + 2X_i + 1 \tag{3.13}$$

如果插补计算都用坐标的绝对值,将进给方向另做处理,四个象限插补公式可以统一起来,当对第一象限顺圆插补时,将 X 轴正向进给改为 X 轴负向进给,则走出的是第二象限逆圆,若将 X 轴沿负向、Y 轴沿正向进给,则走出的是第三象限顺圆。由此可推出 Ⅰ 象限逆圆弧插补流程图,如图 3.13 所示。

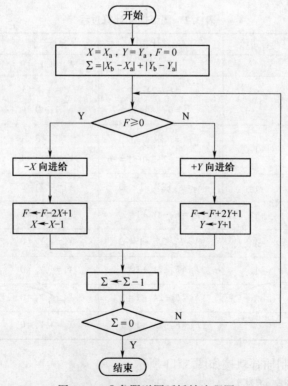

图 3.13 Ⅰ 象限逆圆弧插补流程图

如图 3.14(a)所示,用 SR_1、SR_2、SR_3、SR_4 分别表示第 Ⅰ、Ⅱ、Ⅲ、Ⅳ 象限的顺时针圆弧,图 3.14(b)所示为用 NR_1、NR_2、NR_3、NR_4 分别表示第 Ⅰ、Ⅱ、Ⅲ、Ⅳ 象限的逆时针圆弧,四个象限圆弧的进给方向表示如图 3.14 所示。

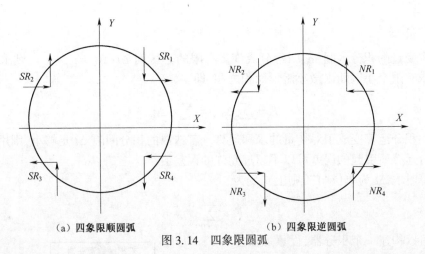

（a）四象限顺圆弧　　　　　　　（b）四象限逆圆弧

图 3.14　四象限圆弧

　　圆弧过象限，即圆弧的起点和终点不在同一象限内。若坐标采用绝对值进行插补运算，应先进行过象限判断，当 $X=0$ 或 $Y=0$ 时过象限。如图 3.15 所示，需将圆弧 AC 分成两段圆弧 AB 和 BC，当 $X=0$ 时，进行处理，对应调用顺圆 AB 和顺圆 BC 的插补程序。

　　若用带符号的坐标值进行插补计算，在插补的同时，比较动点坐标和终点坐标的代数值，若两者相等，插补结束。

3.2.2　数字积分法插补

1. DDA 插补基本原理

　　数字积分法插补是脉冲增量插补的一种，它是用数字积分的方法计算刀具沿各坐标轴的移动量，从而使刀具沿着设定的曲线运动。实现数字积分插补计算的装置称为数字积分器，或数字微分器（Digital Differential Analyzer, DDA），数字积分器可以用软件来实现。数字积分法具有运算速度快，脉冲分配均匀，可以实现一次、二次曲线的插补和各种函数运算，而且易于实现多坐标联动。但传统的 DDA 插补法也有速度调节不方便，插补精度需要采取一定措施才能满足要求的缺点，不过目前 CNC 数控系统中多采用软件实现 DDA 插补，可以轻易克服以上缺点，所以 DDA 插补是目前使用范围很广的一种插补方法。它的基本原理可以用图 3.16 所示的函数积分表示，由高等数学可知，求函数 $y=f(t)$ 对 t 的积分，从几何概念上讲，是求此函数曲线与横坐标轴在积分区间所包围的面积 F。

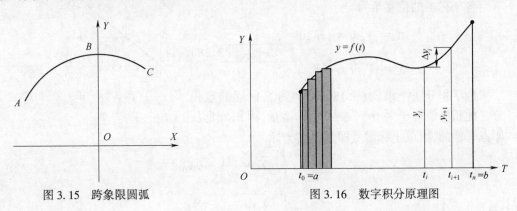

图 3.15　跨象限圆弧　　　　　　图 3.16　数字积分原理图

可用积分公式：

$$F = \int_a^b f(t)\,\mathrm{d}t \tag{3.14}$$

若把自变量的积分区间 $[a,b]$ 等分成许多有限的小区间 Δt（$\Delta t = t_{i+1} - t_i$），则求面积 F 可以转化成求有限个小区间内微小矩形面积之和，即

$$F = \sum_{i=0}^{n-1} \Delta F_i = \sum_{i=0}^{n-1} y_i \Delta t \tag{3.15}$$

函数的积分运算变成了对变量的求和运算。若选取的积分间隔 Δt 足够小，则用求和运算代替求积分运算所引起的误差可以不超过允许的误差值。

若运算时取 Δt 为单位"1"，则上式变为

$$F = \sum_{i=0}^{n-1} y_i \tag{3.16}$$

由此可以构建一个积分器，设累加器容量为一个单位面积值，则溢出脉冲总数为所求面积。一般地，每个坐标方向需要一个被积函数寄存器和一个累加器，它的工作过程可用图 3.17 表示。

被积函数寄存器用以存放坐标值 $f(t)$，累加器又称余数寄存器，用于存放坐标的累加值。每当 Δt 出现一次，被积函数寄存器

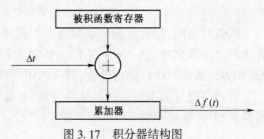

图 3.17　积分器结构图

中的 $f(t)$ 值就与累加器中的数值相加一次，并将累加结果存放于累加器中，假如累加器的容量为一个单位面积，被积函数寄存器的容量与累加器的容量相同，那么在累加过程中每超过一个单位面积累加器就有溢出，当累加次数达到累加器的容量时，所产生的溢出总数就是要求的总面积，即积分值。

2. DDA 直线插补

若要加工第一象限直线 OE，如图 3.18 所示，起点为坐标原点 O，终点坐标为 $E(X_e, Y_e)$，刀具以匀速 V 由起点移向终点，其 X、Y 坐标的速度分量为 V_x 和 V_y，

$$\frac{V}{OE} = \frac{V_x}{X_e} = \frac{V_y}{Y_e} = k \quad （k \text{ 为常数}） \tag{3.17}$$

各坐标轴的位移量为

$$\begin{aligned} X &= \int V_x \mathrm{d}t = \int k X_e \mathrm{d}t \\ Y &= \int V_y \mathrm{d}t = \int k Y_e \mathrm{d}t \end{aligned} \tag{3.18}$$

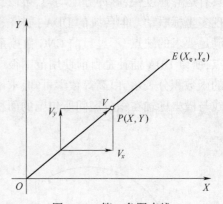

图 3.18　第一象限直线

数字积分法是求式(3.18)从 O 到 E 区间的定积分。此积分值等于由 O 到 E 的坐标增量，因积分是从原点开始的，所以坐标增量即是终点坐标。

$$\int_{t_0}^{t_n} k X_e \mathrm{d}t = X_e - X_0$$

$$\int_{t_0}^{t_n} k Y_e \mathrm{d}t = Y_e - Y_0 \tag{3.19}$$

式(3.19)中 t_0 对应直线起点的时间，t_n 对应终点时间。用累加来代替积分，刀具在 X，Y 方

向移动的微小增量分别为

$$\Delta X = V_x \Delta t = k X_e \Delta t$$
$$\Delta Y = V_y \Delta t = k Y_e \Delta t \tag{3.20}$$

动点从原点出发走向终点的过程,可以看作各坐标轴每经过一个单位时间间隔 t,分别以增量 $k X_e$ 及 $k Y_e$ 同时累加的结果。

$$X = \sum_{i=1}^{m} \Delta X_i = \sum_{i=1}^{m} k X_e \Delta t_i$$
$$Y = \sum_{i=1}^{m} \Delta Y_i = \sum_{i=1}^{m} k Y_e \Delta t_i \tag{3.21}$$

若式(3.21)中 $\Delta t_i = 1$

则

$$X = k X_e \sum_{i=1}^{m} \Delta t_i = k m X_e$$

$$Y = k Y_e \sum_{i=1}^{m} \Delta t_i = k m Y_e \tag{3.22}$$

若经过 m 次累加后,X, Y 都到达终点 $E(X_e, Y_e)$,下式成立

$$X = k m X_e = X_e$$
$$Y = k m Y_e = Y_e \tag{3.23}$$

可见累加次数与比例系数之间有如下关系

$$m = 1/k$$

即

$$k m = 1$$

两者互相制约,不能独立选择,m 是累加次数,取整数,k 取小数。即先将直线终点坐标 X_e、Y_e 缩小到 $k X_e$、$k Y_e$,然后再经 m 次累加到达终点。另外,还要保证沿坐标轴每次进给脉冲不超过一个,保证插补精度,应使下式成立

$$\Delta X = k X_e < 1$$
$$\Delta Y = k Y_e < 1 \tag{3.24}$$

如果存放 X_e、Y_e 寄存器的位数是 n,对应最大允许数字量为 $2^n - 1$,各位均为 1,所以 X_e、Y_e 最大寄存数值为 $2^n - 1$,则

$$k(2^n - 1) < 1$$

$$k < \frac{1}{2^n - 1} \tag{3.25}$$

为使上式成立,取 $k = \dfrac{1}{2^n}$,代入得 $\dfrac{2^n - 1}{2^n} < 1$,则累加次数

$$m = \frac{1}{k} = 2^n \tag{3.26}$$

式(3.26)表明,若寄存器位数是 n,则直线整个插补过程要进行 2^n 次累加才能到达终点。

对于二进制数来说,一个 n 位寄存器中存放 X_e 和存放 $k X_e$ 的数字是一样的,只是小数点的位置不同罢了,X_e 除以 2^n,只需把小数点左移 n 位,小数点出现在最高位数 n 的前面。采用 $k X_e$ 进行累加,累加结果大于 1,就有溢出。若采用 X_e 进行累加,超出寄存器容量 $2n$ 有溢出。

将溢出脉冲用来控制机床进给,其效果是一样的。在被寄函数寄存器里可只存 X_e,而省略 k。

例如,$X_e = 100\ 101$ 在一个 6 位寄存器中存放,若 $k = 1/2^6$,$kX_e = 0.100101$ 也存放在 6 位寄存器中,数字是一样的,若进行一次累加,都有溢出,余数数字也相同,只是小数点位置不同而已,因此可用 X_e 替代 kX_e。

图 3.19 所示为平面直线的插补框图,它由两个数字积分器组成,每个坐标轴的积分器由累加器和被积函数寄存器组成,被积函数寄存器存放终点坐标值,每经过一个时间间隔 t,将被积函数值向各自的累加器中累加,当累加结果超出寄存器容量时,就溢出一个脉冲,若寄存器位数为 n,经过 $2n$ 次累加后,每个坐标轴的溢出脉冲总数就等于该坐标的被积函数值,从而控制刀具到达终点。

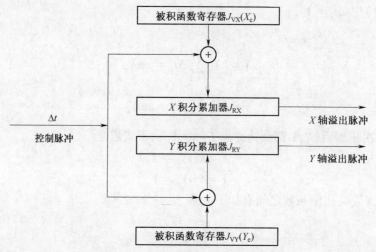

图 3.19　平面直线的 DDA 插补框图

插补第一象限直线 OE,起点为 $O(0,0)$,终点为 $E(5,3)$。取被积函数寄存器分别为 J_{VX}、J_{VY},余数寄存器分别为 J_{RX}、J_{RY},终点计数器为 J_E,均为三位二进制寄存器。插补计算过程如表 3.3。

表 3.3　平面直线的 DDA 插补计算过程

累加次数	X 积分器			Y 积分器			终点计数器 J_E	备　注
	$J_{VX}(X_e)$	J_{RX}	溢出	$J_{VY}(X_e)$	J_{RY}	溢出		
0	101	000		011	000		000	初始状态
1	101	101		011	011		001	第一次迭代
2	101	010	1	011	110		010	X 溢出
3	101	111		011	001	1	011	Y 溢出
4	101	100	1	011	100		100	X 溢出
5	101	001	1	011	111		101	X 溢出
6	101	110		011	010	1	110	Y 溢出
7	101	011	1	011	101		111	X 溢出
8	101	000	1	011	000	1	000	X、Y 溢出

根据计算过程,绘制插补轨迹如图 3.20 所示。

3. DDA 圆弧插补

第一象限逆圆如图 3.21 所示,圆弧的圆心在坐标原点 O,起点为 $A(X_a,Y_a)$,终点为 $B(X_b,Y_b)$。圆弧插补时,要求刀具沿圆弧切线作等速运动,设圆弧上某一点 $P(X,Y)$ 的速度为 V,则在两个坐标方向的分速度为 V_x、V_y,根据图中几何关系,有式(3.27)成立。

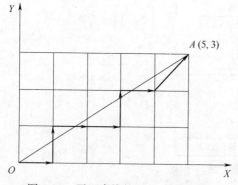

图 3.20　平面直线的 DDA 插补轨迹

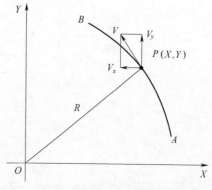

图 3.21　第一象限逆圆

$$\frac{V}{R}=\frac{V_x}{Y}=\frac{V_y}{X}=k \tag{3.27}$$

对于时间增量而言,在 X,Y 坐标轴的位移增量分别为

$$\Delta X=-V_x\Delta t=-kY\Delta t$$
$$\Delta Y=V_y\Delta t=kX\Delta t \tag{3.28}$$

由于第一象限逆圆对应 X 坐标值逐渐减小,所以式(3.28)中表达式中取负号,即 V_x、V_y 均取绝对值计算。令 $\Delta t=1$,$k=\frac{1}{2^n}$ 则各坐标轴的位移量为

$$\begin{cases} X=\int_0^t -kY_i\mathrm{d}t=\frac{1}{2^n}\sum_{i=1}^m Y_i \\ Y=\int_0^t kX_i\mathrm{d}t=\frac{1}{2^n}\sum_{i=1}^m X_i \end{cases} \tag{3.29}$$

动点 P 从原点走向终点,可看作各坐标每经过一个 Δt 分别以增量 kY_i、kX_i 同时累加的结果。k 的计算同直线 DDA 插补一样($k=1/2^n$),为方便计算可同时把被积函数扩大 2^n 倍。与 DDA 直线插补类似,也可用两个积分器来实现圆弧插补,每个坐标轴的积分器由累加器 J_R 和被积函数寄存器 J_V 组成,如图 3.22 所示。

圆弧插补中,由于 X 轴和 Y 轴不是同时到达终点,一般各轴各设一个终点判别计数器、分别判别是否到达终点。每进给一步,相应轴的终点判别计数器减 1,当各轴终点判别计数器都减为 0 时,停止插补。

DDA 第一象限逆圆弧插补与直线插补的区别:

① X_i、Y_j 存入 J_{VX}、J_{VY} 的对应关系不同,恰好位置互调,在圆弧插补中 Y_j 存入 J_{VX},而 X_i 存入 J_{VY} 中。

② 直线插补时 J_{VX}、J_{VY} 寄存的是常数(X_e 或 Y_e);圆弧插补时 J_{VX}、J_{VY} 寄存的是变量(动点 X_i 或 Y_j)。

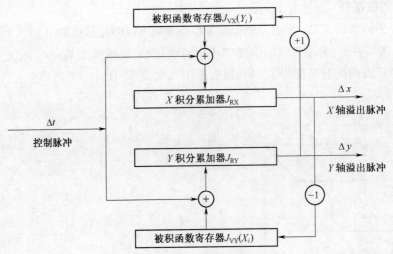

图 3.22　DDA 圆弧插补器的结构

起点时 J_{VX}、J_{VY} 分别寄存初值 Y_a、X_a；

插补时 J_{RY} 每溢出一个 Δy 脉冲，$J_{VX}=J_{VX}+1$；反之 J_{RX} 溢出一个 Δx 脉冲时，$J_{VY}=J_{VY}-1$。（加 1 还是减 1，取决于动点坐标所在的象限及圆弧走向）

③圆弧插补终点判别分别用两个计数器；直线插补终点判别用一个计数器，迭代 2^n 次。

设有第一象限逆圆，起点 $(5,0)$，终点 $(0,5)$，所选寄存器位数 $n=3$。若用二进制计算，起点坐标 $(000,101)$，终点坐标 $(101,000)$，试用 DDA 法对此圆弧进行插补。其插补运算过程如表 3.4 所示。

表 3.4　DDA 圆弧插补计算过程

累加次数	X 积分器			X 终	Y 积分器			Y 终	备注
	$J_{VX}(Y_i)$	J_{RX}	溢出		$J_{VX}(X_i)$	J_{RY}	溢出		
0	000	000	0	101	101	000	0	101	初始
1	000	000	0	101	101	101	0	101	
2	000	000	0	101	101	010	1	100	修正 Y_i
	001								
3	001	001	0	101	101	111	0	100	
4	001	010	0	101	101	100	1	011	修正 Y_i
	010								
5	010	100	0	101	101	001	1	010	修正 Y_i
	011								
6	011	111	0	101	101	110	0	010	
7	011	010	1	100	101	011	1	001	修正 Y_i
	100								修正 X_i
8	100	110	0	100	100	111	0	001	
9	100	010	1	011	100	011	1	000	修正 Y_i
	101				011				修正 X_i

续表

累加次数	X 积分器			X 终	Y 积分器			Y 终	备注
	$J_{VX}(Y_i)$	J_{RX}	溢出		$J_{VX}(X_i)$	J_{RY}	溢出		
10	101	111	0	011	011				
11	101	100	1	010	011 010				修正 X_i
12	101	001	1	001	010 001				修正 X_i
13	101	110	0	001	001				
14	101	011	1	000	001 000				结束

根据计算过程,绘制插补轨迹如图 3.23 所示。

4. 数字积分法插补的象限处理

DDA 插补不同象限直线和圆弧时,用绝对值进行累加,进给方向另做讨论。

DDA 插补是沿着工件切线方向移动,四个象限直线进给方向如图 3.24 所示。

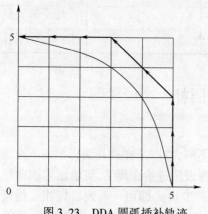

图 3.23 DDA 圆弧插补轨迹

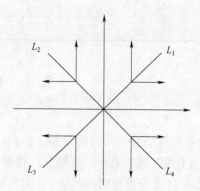

图 3.24 四个象限直线进给方向

直线插补时被积函数是常数,在插补过程中不需要修正,只需要考虑哪个坐标值加 1,四个象限直线插补的坐标修改如表 3.5 所示。

表 3.5 四象限直线插补的坐标修改

内 容		L_1	L_2	L_3	L_4
进给	ΔX	+	−	−	+
修正	J_{VY}				
进给	ΔY	+	+	−	−
修正	J_{VX}				

圆弧插补时被积函数是动点坐标,在插补过程中要进行修正,坐标值的修改要看动点运动使该坐标绝对值是增加还是减少,来确定是加 1 还是减 1。四个象限直线进给方向如图 3.25 所示,圆弧插补的坐标修改及进给方向如表 3.6 所示。

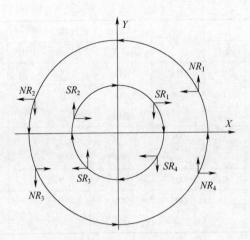

图 3.25　四象限圆弧进给方向

表 3.6　四象限圆弧插补的坐标修改

内容		NR_1	NR_2	NR_3	NR_4	SR_1	SR_2	SR_3	SR_4
进给	ΔX	−	+	+	+	+	+	−	−
修正	J_{VY}	−1	+1	−1	+1	+1	−1	+1	−1
进给	ΔY	+	−	−	+	−	+	+	−
修正	J_{VX}	+1	−1	+1	−1	−1	+1	−1	+1

3.3　数据采样法插补

数据采样插补又称时间分割法,与基准脉冲插补法不同,数据采样插补法得出的不是进给脉冲,而是用二进制表示的进给量。这种方法是根据编程设定进给速度 F,将给定轮廓曲线按插补周期 T(某一单位时间间隔)分割为插补进给段(轮廓步长),即用一系列首尾相连的微小线段来逼近给定曲线。每经过一个插补周期就进行一次插补计算,算出下一个插补点,即算出插补周期内各坐标轴的进给量,依此类推,得出下一个插补点的指令位置。

插补周期越长,插补计算误差越大,插补周期应尽量选得小一些。CNC 系统在进行轮廓插补控制时,除完成插补计算外,数控装置还必须处理一些其他任务,如显示、监控、位置采样及控制等。因此,插补周期应大于插补运算时间和其他实时任务所需时间之和。插补周期大约为 8 ms,现代数控系统已缩短为 2~4 ms,有的已达到零点几毫秒;此外,插补周期 T 对圆弧插补的误差也会产生影响。

计算机定时对坐标的实际位置进行采样,采样数据与指令位置进行比较,得出位置误差用来控制电动机,使实际位置跟随指令位置。采样是指由时间上连续信号取出不连续信号,对时间上连续的信号进行采样,就是通过一个采样开关 K(这个开关 K 每隔一定的周期 T_C 闭合一次)后,在采样开关的输出端形成一连串的脉冲信号。这种把时间上连续的信号转变成时间上离散的脉冲系列的过程称为采样过程,周期 T_C 称为采样周期。对于给定的某个数控系统,插补周期 T 和采样周期 T_C 是固定的,通常 $T \geq T_C$,一般要求 T 是 T_C 的整数倍。

对于直线插补,不会造成轨迹误差。在圆弧插补中,会带来轨迹误差,如图 3.26 所示。

用弦线逼近圆弧,其最大径向误差 e_r 为

$$e_r = R\left(1 - \cos\frac{\delta}{2}\right) \qquad (3.30)$$

式中:R——被插补圆弧半径(mm);

　　　δ——角步距,在一个插补周期内逼近弦所对应的圆心角。

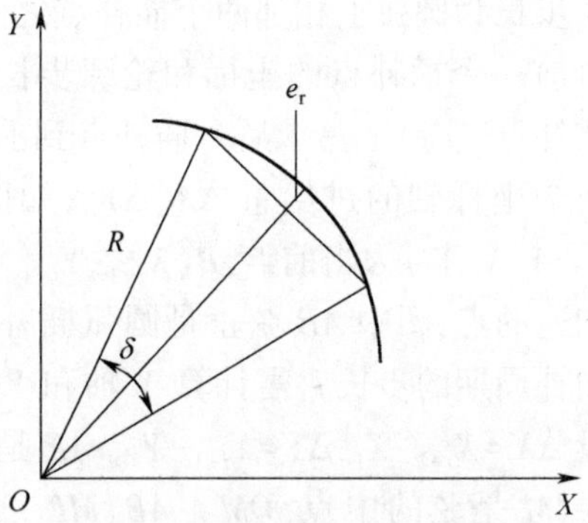

将式(3.30)中的 $\cos(\delta/2)$ 用幂级数展开,得

$$\begin{aligned}
e_r &= R\left(1 - \cos\frac{\delta}{2}\right) \\
&= R\left\{1 - \left[1 - \frac{(\delta/2)^2}{2!} + \frac{(\delta/2)^2}{4!} - \cdots\right]\right\} \\
&\approx \frac{\delta^2}{8}R
\end{aligned} \qquad (3.31)$$

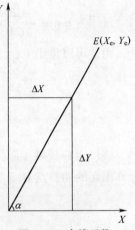

图 3.26　圆弧插补的轨迹误差

设 T 为插补周期,F 为进给速度,则轮廓步长为

$$l = TF$$

用轮廓步长代替弦长,有

$$\delta \approx \frac{l}{R} = \frac{TF}{R} \qquad (3.32)$$

将(3.32)代入式(3.31),得

$$e_r = \frac{(TF)^2}{8R} \qquad (3.33)$$

可见,圆弧插补过程中,用弦线逼近圆弧时,插补误差 e_r 与程编进给速度 F 的平方、插补周期 T 的平方成正比,与圆弧半径 R 成反比。

3.3.1　直线函数法插补

1. 直线插补

设要加工图 3.27 所示第一象限直线 OE。

起点在坐标原点 O,终点为 $E(X_e, Y_e)$,直线与 X 轴夹角为 α,则有

$$\tan\alpha = \frac{Y_e}{X_e} \qquad (3.34)$$

$$\cos\alpha = \frac{1}{\sqrt{1 + \tan^2\alpha}} \qquad (3.35)$$

若已计算出轮廓步长,从而求得本次插补周期内各坐标轴进给量为

$$\Delta X = l\cos\alpha$$

$$\Delta Y = \frac{Y_e}{X_e}\Delta x \qquad (3.36)$$

图 3.27　直线函数法插补直线

2. 圆弧插补

圆弧插补,需先根据指令中的进给速度 F,计算出轮廓步长 l,

再进行插补计算。以弦线逼近圆弧,就是以轮廓步长为圆弧上相邻两个插补点之间的弦长,由前一个插补点的坐标和轮廓步长计算后一插补点,实质上是求后一插补点到前一插补点两个坐标轴的进给量 ΔX、ΔY。如图 3.28 所示,$A(X_i,Y_i)$ 为当前点,$B(X_{i+1},Y_{i+1})$ 为插补后到达的点,图中 AB 弦正是圆弧插补时在一个插补周期的步长 l,需计算 X 轴和 Y 轴的进给量 $\Delta X = X_{i+1} - X_i$,$\Delta Y = Y_{i+1} - Y_i$。AP 是 A 点的切线,M 是弦的中点,$OM \perp AB$、$ME \perp AG$,E 为 AG 的中点。

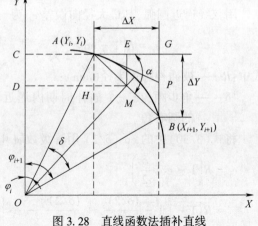

图 3.28 直线函数法插补直线

圆心角计算如下,

$$\varphi_{i+1} = \varphi_i + \delta \tag{3.37}$$

式中:δ——轮廓步长所对应的圆心角增量,又称角步距。

$$\alpha = \varphi_i + \frac{1}{2}\delta \tag{3.38}$$

$\triangle MOD$ 中

$$\tan\left(\varphi_i + \frac{1}{2}\delta\right) = \frac{DM}{OD} = \frac{DH + HM}{OC - CD} \tag{3.39}$$

将 $DH = X_i$,$OC = Y_i$,$HM = \frac{1}{2}l\cos\alpha = \frac{1}{2}\Delta X$,

$CD = \frac{1}{2}l\sin\alpha = \frac{1}{2}\Delta Y$,代入式(3.39),则有

$$\tan\alpha = \tan\left(\varphi_i + \frac{1}{2}\delta\right) = \frac{X_i + \frac{1}{2}l\cos\alpha}{Y_i - \frac{1}{2}l\sin\alpha} = \frac{X_i + \frac{1}{2}\Delta X}{Y_i - \frac{1}{2}\Delta Y} \tag{3.40}$$

又因为 $\tan\alpha = \dfrac{GB}{GA} = \dfrac{\Delta Y}{\Delta X}$

由此可以推出 (X_i, Y_i) 与 ΔX、ΔY 的关系式

$$\frac{\Delta Y}{\Delta X} = \frac{X_i + \frac{1}{2}\Delta X}{Y_i - \frac{1}{2}\Delta Y} = \frac{X_i + \frac{1}{2}l\cos\alpha}{Y_i - \frac{1}{2}l\sin\alpha} \tag{3.41}$$

式(3.41)反映了圆弧上任意相邻两插补点坐标之间的关系,只要求得 ΔX 和 ΔY,就可以计算出新的插补点 $B(X_{i+1}, Y_{i+1})$,即

$$\begin{aligned} X_{i+1} &= X_i + \Delta X \\ Y_{i+1} &= Y_i + \Delta Y \end{aligned} \tag{3.42}$$

式(3.41)中,$\sin\alpha$ 和 $\cos\alpha$ 均为未知,求解较困难。为此,采用近似算法,用 $\sin 45°$ 和 $\cos 45°$ 代替,则有

$$\tan \alpha' = \frac{X_i + \frac{1}{2}l\cos 45°}{Y_i - \frac{1}{2}l\sin 45°} \tag{3.43}$$

因为 X_i 和 Y_i 为已知，可以由 $\tan \alpha$ 求出 $\cos \alpha$。

所以 $\Delta X = l\cos \alpha$，从而可求得 ΔY。虽然 ΔX 为近似值，存在偏差，但不会使插补离开圆弧轨迹，因为 ΔX 和 ΔY 之间满足式 3.41，确保计算出来的点在圆弧上。采用近似算法可保证每次插补点均在圆弧上，引起的偏差仅是 $\Delta X \rightarrow \Delta X'$，$\Delta Y \rightarrow \Delta Y'$，$AB \rightarrow AS$ 即 $l \rightarrow l'$，如图 3.29 所示。这种算法仅造成每次插补进给量的微小变化，而使进给速度有偏差，实际进给速度的变化小于指令进给速度的 1%，在加工中是允许的。

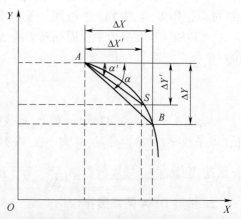

图 3.29 近似算法造成进给量的微小变化

直线函数法用弦线逼近圆弧，插补误差主要为半径的绝对误差。因插补周期是固定的，该误差取决于进给速度和圆弧半径，当加工的圆弧半径确定后，为了使径向绝对误差不超过允许值，对进给速度要有一个限制，要求满足

$$F \leqslant \frac{\sqrt{8e_r R}}{T}。$$

3.3.2 扩展 DDA 插补

1. 扩展 DDA 直线插补

假设根据编程的进给速度，要在时间段 T 内走完图 3.30 所示的直线段 OE，终点为 $E(x_e, y_e)$，起点在原点 $(0,0)$。

图中的 v_x 和 v_y 分别为速度 v 的 X 和 Y 坐标分量。由图中的三角形比例关系，可得

$$v_x = \frac{x_e}{\sqrt{x_e^2 + y_e^2}}v \tag{3.44}$$

$$v_y = \frac{y_e}{\sqrt{x_e^2 + y_e^2}}v \tag{3.45}$$

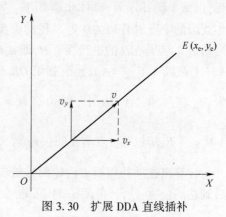

图 3.30 扩展 DDA 直线插补

将时间区间 T 用采样周期 λ_ξ 分割为 n 个子区间（n 取 $\geqslant \frac{T}{\lambda_\xi}$ 最接近的整数），从而在每个采样周期 λ_ξ 内的坐标增量分别为

$$\Delta x = v_x \lambda_\xi = \frac{x_e}{\sqrt{x_e^2 + y_e^2}}v\lambda_\xi = \frac{v}{\sqrt{x_e^2 + y_e^2}}\lambda_\xi x_e = FRN\lambda_\xi x_e \tag{3.46}$$

$$\Delta y = v_y \lambda_\xi = \frac{y_e}{\sqrt{x_e^2 + y_e^2}}v\lambda_\xi = \frac{v}{\sqrt{x_e^2 + y_e^2}}\lambda_\xi y_e = FRN\lambda_\xi y_e \tag{3.47}$$

式中：v——所要求的进给速度；

　　FRN——进给速率数，公式为

$$FRN = \frac{v}{\sqrt{x_e^2 + y_e^2}} \qquad (3.48)$$

对于同一条直线来说，由于 v 和 x_e、y_e 及 λ_ξ 均为已知常数，因此式中的 FRN 和 λ_ξ 均为常数，可以记作 $\lambda_d = FRN\lambda_\xi$。故同一条直线的每个采样周期内增量 Δx 和 Δy 的常数（即步长系数 λ_d）均相同。在每个采样周期算出的 Δx 和 Δy 基础之上，就可以得到本采样周期末的刀具位置坐标 x_{i+1} 和 y_{i+1} 值，即

$$x_{i+1} = x_i + \Delta x \qquad (3.49)$$
$$y_{i+1} = y_i + \Delta y \qquad (3.50)$$

从式（3.46）和（3.47）也可看出，直线插补中各坐标轴的进给步长 Δx 和 Δy 分别为轮廓步长（即子线段）的轴向分量，其大小仅仅随着进给速率编程值 FRN 或 v 变化。由于直线插补中每次迭代形成的子线段的斜率 $\left(\dfrac{\Delta y}{\Delta x}\right)$ 等于给定的直线斜率，从而保证了轨迹要求。

2. 扩展 DDA 圆弧插补

图 3.31 所示为第一象限顺圆弧 A_iP，圆心在坐标原点 O，半径为 R。设刀具处在 $A_i(X_i, Y_i)$ 点位置。若在一个插补周期 T 内，用 DDA 插补法沿切线方向进给的步长为 l，一个插补周期后达到 C 点，即 $A_iC = l$。

由图 3.31 可见，它的径向误差较大。扩展 DDA 插补算法，就是将切线逼近圆弧转化为割线逼近圆弧，以减少插补误差，具体步骤如下：先通过 A_iC 微小线段的中点 B 作以 OB 为半径的圆弧的切线 BD，再通过 A_i 点作 BD 的平行线 A_iH，即 $A_iH \parallel BD$，并在 A_iH 上截取 $A_iA_{i+1} = A_iC = l$，如果 OB 与 A_iH 的交点为 M，在直角 $\triangle A_iMB$ 中，斜边 $A_iB = \dfrac{1}{2}l$，直角边

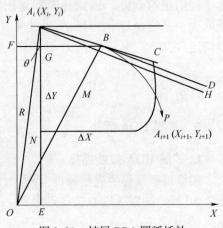

图 3.31　扩展 DDA 圆弧插补

$A_iM < \dfrac{1}{2}l$，所以 A_{i+1} 点落在圆弧外侧。扩展 DDA 用割线线段代替切线，使径向误差减少了。

计算出在插补周期 T 内轮廓进给步长 l 的坐标分量 ΔX 和 ΔY，就可以得到本次插补周期后到达的位置 A_{i+1}。由图 3.31 可见，在直角 $\triangle OEA_i$ 中，OA_i 和 A_iE 的夹角为 θ，

$$\sin \theta = \frac{OE}{OA_i} = \frac{X_i}{R} \qquad (3.51)$$

$$\cos \theta = \frac{A_iE}{OA_i} = \frac{Y_i}{R} \qquad (3.52)$$

设刀具以恒速进给，即在每个插补周期 T 内的进给速度均为 V，则 $A_iA_{i+1} = l = VT$。

过 B 点作 X 轴的平行线 BF 交 Y 轴于 F 点，交 A_iE 线段于 G 点。过 A_{i+1} 点作 $A_{i+1}N$ 平行 X 轴，交 A_iE 于 N 点。由图 3.31 可以看出，直角 $\triangle OFB$ 与直角 $\triangle A_iNA_{i+1}$ 相似，从而有比例关系：

$$\frac{NA_{i+1}}{A_i A_{i+1}} = \frac{OF}{OB} \tag{3.53}$$

式中：$NA_{i+1} = \Delta X$，$A_i A_{i+1} = l = VT$。

在直角 $\triangle A_i GB$ 中 $A_i G = A_i B \sin \theta = \frac{1}{2} l \sin \theta$，$OF = A_i E - A_i G = Y_i - \frac{1}{2} l \sin \theta$，因此在直角 $\triangle OA_i B$ 中

$$OB = \sqrt{(A_i B)^2 + (OA_i)^2} = \sqrt{\left(\frac{1}{2}l\right)^2 + R^2} \tag{3.54}$$

将以上各式代入式(3.53)有

$$\frac{\Delta X}{l} = \frac{Y_i - \frac{1}{2} l \sin \theta}{\sqrt{\left(\frac{1}{2}l\right)^2 + R^2}} \tag{3.55}$$

将式(3.51)代入上式并整理，得

$$\Delta X = \frac{l\left(Y_i - \frac{1}{2} l \dfrac{X_i}{R}\right)}{\sqrt{\left(\frac{1}{2}l\right)^2 + R^2}} \tag{3.56}$$

因为 $l \ll R$，故将略去不计，则上式变为

$$\Delta X \approx \frac{l}{R}\left(Y_i - \frac{1}{2} l \frac{X_i}{R}\right) = \frac{V}{R}\lambda_t\left(Y_i - \frac{1}{2} \frac{V}{R}\lambda_t X_i\right) \tag{3.57}$$

$$\lambda_t = T \times 10^{-3}/60$$

若令 $\lambda_d = \dfrac{V}{R}\lambda_t = FRN\lambda_t$

则
$$\Delta X = \lambda_d\left(Y_i - \frac{1}{2}\lambda_d X_i\right) \tag{3.58}$$

另外，从直角 $\triangle OFB$ 与直角 $\triangle A_i N A_{i+1}$ 相似，使用同样推导步骤还可以得出

$$\Delta Y = \lambda_d\left(X_i + \frac{1}{2}\lambda_d Y_i\right) \tag{3.59}$$

由于 $A_i(X_i, Y_i)$ 为已知，求得 ΔX 和 ΔY，就可算出本次插补周期刀具应达到的坐标位置 (X_{i+1}, Y_{i+1}) 值。

3.4　刀具补偿原理

数控机床在加工过程中，是通过控制刀具中心或刀架参考点来实现加工轨迹的。但刀具实际参与切削的部位只是刀尖或刀刃边缘，它们与中心或刀架参考点之间存在偏差。因此，需要通过数控系统计算偏差量，并将控制对象由刀具中心或刀架参考点变换到刀尖或刀刃边缘上，以满足加工需要。这种变换过程称为刀具补偿。

3.4.1 刀具补偿的概念

如图 3.32 所示,在铣床上用半径为 R 的刀具加工外轮廓时,刀具中心沿着与外轮廓距离为 R 的轨迹移动。我们要根据轮廓的坐标参数和刀具半径 r 值计算出刀具中心轨迹的坐标参数,然后再编制程序进行加工。在轮廓加工中,由于刀具总有一定的半径,刀具中心(刀位点)的运动轨迹并不等于所加工零件的实际轨迹(直接按零件廓形编程所得编程轮廓),数控系统的刀具半径补偿就是把零件轮廓轨迹转换成刀具中心轨迹。

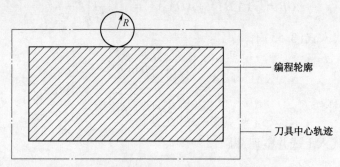

图 3.32　刀具铣削时的编程轮廓和刀具中心轨迹

3.4.2 刀具长度补偿

当实际刀具长度与编程长度不一致时,利用刀具长度补偿功能可以实现对刀具长度差额的补偿。G43 为刀具长度正补偿指令;G44 为刀具长度负补偿指令;G49 为刀具长度补偿注销指令。图 3.33 所示为钻削加工中的刀具的长度补偿。

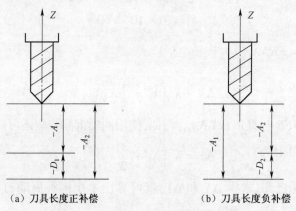

（a）刀具长度正补偿　　　　　（b）刀具长度负补偿

图 3.33　钻削加工中刀具的长度补偿

钻头的实际位移量等于程序给定值加上补偿值。图 3.33(a)中刀具的实际位移量 $-A_2 = -A_1 + (-D_1) = -(A_1 + D_1)$,图 3.33(b)中刀具的实际位移量 $-A_2 = -A_1 - (-D_2) = -A_1 + D_2$。

图 3.34 所示为数控车床的长度补偿原理图。车床数控装置控制的是刀架参考点 R 的位置,实际切削时是利用刀尖 P 来完成,刀具长度补偿是用来实现刀尖 P 点与刀架参考点 R 之间的转换。

测出刀尖点相对于刀架参考点的坐标 X_{PR}、Z_{PR} ,存入刀补内存表中,编写程序时只需调用刀补即可。因为零件轮廓轨迹是由刀尖切出的,编程时以刀尖点 P 来编程,刀架参考点 R

在机床坐标系下的坐标值(X_R,Z_R)已知,所以刀尖 P 点坐标可以求出。

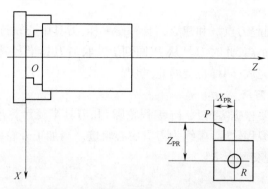

图 3.34　数控车床的刀具长度补偿

3.4.3　刀具半径补偿

1. 刀具半径补偿原理

ISO 标准规定,沿着刀具运动方向看,刀具偏在工件轮廓的左侧,则为 G41 指令(左刀补);沿着刀具运动方向看,刀具偏在工件轮廓的右侧,则为 G42 指令(右刀补);G40 指令是使由 G41 或 G42 指定的刀具半径补偿无效。

在切削过程中,刀具半径补偿的补偿过程分为三个步骤,如图 3.35 所示。

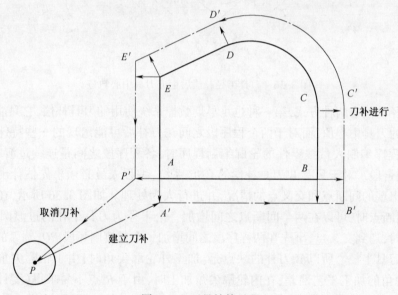

图 3.35　刀具补偿过程

(1)刀补建立

刀具从起刀点接近工件,由刀补方向 G41/G42 决定刀具中心轨迹在原来的编程轨迹基础上是伸长还是缩短了一个刀具半径值,图 3.35 中的刀具从 P 点到 A' 点。刀具半径补偿建立的程序段,一般是直线且为空行程,以防过切。

(2)刀具补偿进行

一旦刀补建立则一直维持,直至被取消。在点刀补进行期间,刀具中心轨迹始终偏离编程轨迹一个刀具半径值的距离,刀具的运动轨迹为 $A'B'C'D'E'P'$。在转接处(如 B、E 等)采用了伸长、缩短或插入三种直线过渡方式。

（3）取消刀补

刀具撤离工件，回到起刀点。和建立刀具补偿一样，刀具中心轨迹也要比编程轨迹伸长或缩短一个刀具半径值的距离，此时刀具从 P' 回到 P。取消刀具半径补偿用 $G40$ 指令，取消时一般应在切出工件之后完成，同样也要防止过切。

2. 刀具半径补偿的方法

刀具半径补偿就是要根据零件尺寸（编程轮廓）和刀具半径计算出刀具中心的运动轨迹。如图 3.36 所示，实线为编程轮廓，虚线为刀具中心轨迹。当加工外轮廓时，会出现间断 $P'Q'$；当加工内轮廓时，会出现交叉点 R''。

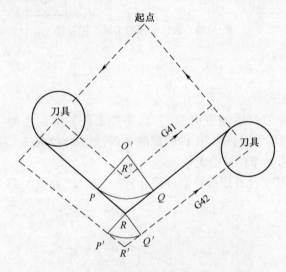

图 3.36　刀具半径补偿后生成刀具中心轨迹

刀具半径补偿有两种方式，第一种也是早期数控系统使用的刀具补偿，它只能计算出直线或圆弧终点的刀具中心值，而对于两个程序段之间在刀补后可能出现的一些特殊情况没有给予考虑。当程序编制人员按零件的轮廓编制程序时，各程序段之间是连续过渡的，没有间断点，也没有重合段。对于只有 B 刀具补偿的 CNC 系统，编程人员必须事先估计出在进行刀具补偿后可能出现的间断点和交叉点的情况，并进行人为处理。如图 3.36 所示，在加工外轮廓时，如遇到间断点时，可以在两个间断点之间增加一个半径为刀具半径的过渡圆弧段 $P'Q'$。加工内轮廓时，遇到交叉点，事先在两程序段之间增加一个过渡圆弧段 PQ，圆弧的半径必须大于所使用的刀具半径。所以 B 刀补的缺点是：加工外轮廓尖角时，由于轮廓尖角处始终处于切削状态，尖角的加工工艺性差；在内轮廓尖角加工时，由于 R'' 点不易求得（受计算能力的限制），编程人员必须在零件轮廓中插入一个半径大于刀具半径的圆弧，这样才能避免产生过切。显然，这种仅有 B 刀具补偿功能的 CNC 系统对编程人员是很不方便的。而且这种刀补方法，无法满足实际应用中的许多要求。因此现在用得较少，而用得较多的是 C 刀补。

对于一般的 CNC 系统，其所能实现的轮廓控制仅限于直线和圆弧。对直线而言，刀具半径补偿后的刀具中心运动轨迹是一与原直线相平行的直线，因此直线轨迹的刀具补偿计算只需计算出刀具中心轨迹的起点和终点坐标。对于圆弧而言，刀具半径补偿后的刀具中心运动轨迹是一与原圆弧同心的圆弧。因此圆弧的刀具半径补偿计算只需计算出刀补后圆弧起点和终点的坐标值以及刀补后的圆弧半径值。有了这些数据，轨迹控制（直线或圆弧插补）就能够实施。

　　C 刀补就是由数控系统根据和实际轮廓完全一样的编程轨迹,直接算出刀具中心轨迹的转接交点 R' 和 R'',然后再对原来的程序轨迹作伸长或缩短的修正。C 刀补采用直线作为轮廓间的过渡,尖角工艺性好,可实现过切自动预报(在内轮廓加工时),从而避免产生过切。

3. 刀具半径补偿的应用

　　刀具半径补偿除了可以实时将编程轨迹变换成刀具中心轨迹它还有其他重要的作用。首先可避免在加工中由于刀具半径的变化(如由于刀具的磨损或因换刀引起的刀具半径的变化)而重新编程的麻烦,只须修改相应的偏置参数即可。同时还可以减少粗、精加工程序编制的工作量,由于轮廓加工往往不是一道工序能完成的,在粗加工时,均要为精加工工序预留加工余量。加工余量的预留可通过修改偏置参数实现,而不必为粗、精加工各编制一个程序。

复习思考题

1. 何谓插补?

2. 目前应用的插补方法分为哪几类? 各有何特点?

3. 用逐点比较法加工第一象限直线,起点 $O(0,0)$,终点 $C(5,3)$,写出插补过程,并绘出插补轨迹。

4. 加工圆心在坐标原点,半径为 5 的一段逆圆弧 CD,起点 $C(-4,3)$,终点 $D(4,3)$,试用逐点比较法进行圆弧插补,写出插补过程,并绘出插补轨迹。

5. 设有第一象限的直线 OE,如图起点为 $O(0,0)$,终点为 $E(5,6)$,累加器与寄存器的位数为三位,请用 DDA 法对其进行插补,写出插补过程,并绘出插补轨迹。

6. 以直线函数法直线插补为例,说明数据采样插补原理。

7. 何谓刀具半径补偿? 它在零件加工中的主要用途有哪些?

第 4 章

➡ 计算机数控系统

4.1 概 述

4.1.1 CNC 系统的组成

CNC 系统主要由硬件和软件两大部分组成,其核心是计算机数字控制装置。它通过系统控制软件配合系统硬件,合理地组织、管理数控系统的输入、数据处理、插补和输出信息,控制执行部件,使数控机床按照操作者的要求进行自动加工。CNC 系统采用了计算机作为控制部件,通常其内部的数控系统软件实现部分或全部数控功能,从而对机床运动进行实时控制。只要改变计算机数控系统的控制软件就能实现一种全新的控制方式。CNC 系统有很多种类型,如车床、铣床、加工中心等。但是,各种数控机床的 CNC 系统一般包括以下几个部分:中央处理单元(CPU)、存储器(ROM/RAM)、输入/输出设备(I/O)、操作面板、显示器和键盘、纸带穿孔机、可编程控制器等。图 4.1 所示为 CNC 系统的一般结构框图。

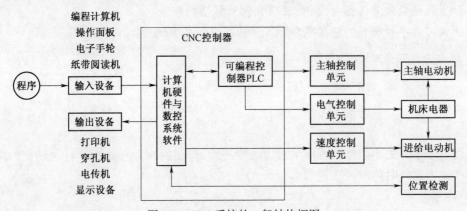

图 4.1 CNC 系统的一般结构框图

在图 4.1 所示的整个计算机数控系统的结构框图中,数控系统主要是指图中的 CNC 控制器。CNC 控制器由计算机硬件、系统软件和相应的 I/O 接口构成的专用计算机与可编程控制器 PLC 组成。前者处理机床轨迹运动的数字控制,后者处理开关量的逻辑控制。

4.1.2 CNC 系统的功能和一般工作过程

1. CNC 系统的功能

CNC 系统由于现在普遍采用了微处理器,通过软件可以实现很多功能。数控系统有多种系列,性能各异。数控系统的功能通常包括基本功能和选择功能。基本功能是数控系统必备的功能,选择功能是供用户根据机床特点和用途进行选择的功能。CNC 系统的功能主要反映在准备功能 G 指令代码和辅助功能 M 指令代码上。根据数控机床的类型、用途、档次的不同,CNC 系统的功能有很大差别,下面介绍其主要功能。

（1）控制功能

CNC 系统能控制的轴数和能同时控制（联动）的轴数是其主要性能之一。控制轴有移动轴和回转轴,有基本轴和附加轴。通过轴的联动可以完成轮廓轨迹的加工。一般数控车床只需二轴控制,二轴联动;一般数控铣床需要三轴控制、三轴联动或两轴半联动;一般加工中心为多轴控制,三轴联动。控制轴数越多,特别是同时控制的轴数越多,要求 CNC 系统的功能就越强,同时 CNC 系统也就越复杂,编制程序也越困难。

（2）准备功能

准备功能又称 G 指令代码,它用来指定机床运动方式的功能,包括基本移动、平面选择、坐标设定、刀具补偿、固定循环等指令。对于点位式的加工机床,如钻床、冲床等,需要点位移动控制系统。对于轮廓控制的加工机床,如车床、铣床、加工中心等,需要控制系统有两个或两个以上的进给坐标具有联动功能。

（3）插补功能

CNC 系统是通过软件插补来实现刀具运动轨迹控制的。由于轮廓控制的实时性很强,软件插补的计算速度难以满足数控机床对进给速度和分辨率的要求,同时由于 CNC 不断扩展其他方面的功能也要求减少插补计算所占用的 CPU 时间。因此 ,CNC 的插补功能实际上被分为粗插补和精插补,插补软件每次插补一个小线段的数据为粗插补,伺服系统根据粗插补的结果,将小线段分成单个脉冲的输出称为精插补。有的数控机床采用硬件进行精插补。

（4）进给功能

根据加工工艺要求,CNC 系统的进给功能用 F 指令代码直接指定数控机床加工的进给速度。

①切削进给速度:以每分钟进给的毫米数指定刀具的进给速度,如 100 mm/min。对于回转轴,表示每分钟进给的角度。

②同步进给速度:以主轴每转进给的毫米数规定的进给速度,如 0.02 mm/r。只有主轴上装有位置编码器的数控机床才能指定同步进给速度,用于切削螺纹的编程。

③进给倍率:操作面板上设置了进给倍率开关,倍率可以从 0～200% 变化,每挡间隔10%。使用倍率开关不用修改程序就可以改变进给速度,并可以在试切零件时随时改变进给速度或在发生意外时随时停止进给。

（5）主轴功能

主轴功能就是指定主轴转速的功能。

①转速的编码方式:一般用 S 指令代码指定。一般用地址符 S 后加 2 位数字或 4 位数字表示,单位分别为 r/min 和 mm/min。

②指定恒定线速度:该功能可以保证车床和磨床加工工件端面质量和不同直径的外圆的加工具有相同的切削速度。

③主轴定向准停:该功能使主轴在径向的某一位置准确停止,有自动换刀功能的机床必须选取有这一功能的 CNC 装置。

（6）辅助功能

辅助功能用来指定主轴的启、停和转向;切削液的开和关;刀库的启和停等,一般是开关量的控制,它用 M 指令代码表示。各种型号的数控装置具有的辅助功能差别很大,而且有许多是自定义的。

（7）刀具功能

刀具功能用来选择所需的刀具,刀具功能字以地址符 T 为首,后面跟 2 位或 4 位数字,代表刀具的编号。

（8）补偿功能

补偿功能是通过输入到 CNC 系统存储器的补偿量,根据编程轨迹重新计算刀具的运动轨迹和坐标尺寸,从而加工出符合要求的工件。补偿功能主要有以下种类:

①刀具的尺寸补偿:如刀具长度补偿、刀具半径补偿和刀尖圆弧补偿。这些功能可以补偿刀具磨损以及换刀时对准正确位置,简化编程。

②丝杠的螺距误差补偿和反向间隙补偿或者热变形补偿:通过事先检测出丝杠螺距误差和反向间隙,并输入到 CNC 系统中,在实际加工中进行补偿,从而提高数控机床的加工精度。

（9）字符、图形显示功能

CNC 控制器可以配置单色或彩色 CRT 或 LCD,通过软件和硬件接口实现字符和图形的显示。通常可以显示程序、参数、各种补偿量、坐标位置、故障信息、人机对话编程菜单、零件图形及刀具实际移动轨迹的坐标等。

（10）自诊断功能

为了防止故障的发生或在发生故障后可以迅速查明故障的类型和部位,以减少停机时间,CNC 系统中设置了各种诊断程序。不同的 CNC 系统设置的诊断程序是不同的,诊断的水平也不同。诊断程序一般可以包含在系统程序中,在系统运行过程中进行检查和诊断;也可以作为服务性程序,在系统运行前或故障停机后进行诊断,查找故障的部位。有的 CNC 可以进行远程通信诊断。

（11）通信功能

为了适应柔性制造系统（FMS）和计算机集成制造系统（CIMS）的需求,CNC 装置通常具有 RS-232C 通信接口,有的还备有 DNC 接口。也有的 CNC 还可以通过制造自动化协议（MAP）接入工厂的通信网络。

（12）人机交互图形编程功能

为了进一步提高数控机床的编程效率,对于 NC 程序的编制,特别是较为复杂零件的 NC 程序都要通过计算机辅助编程,尤其是利用图形进行自动编程,以提高编程效率。因此,对于现代 CNC 系统一般要求具有人机交互图形编程功能。有这种功能的 CNC 系统可以根据零件图直接编制程序,即编程人员只需送入图样上简单表示的几何尺寸就能自动地计算出全部交点、切点和圆心坐标,生成加工程序。有的 CNC 系统可根据引导图和显示说明进行对话式编程,并具有自动工序选择、刀具和切削条件的自动选择等智能功能。有的 CNC 系统还备有用户宏程序功能（如日本的 FANUC 系统）。这些功能有助于那些未受过 CNC 编程专门训练的机械工人能够很快地进行程序编制工作。

2. CNC 系统的一般工作过程

（1）输入

输入 CNC 控制器的通常有零件加工程序、机床参数和刀具补偿参数。机床参数一般在机床出厂时或在用户安装调试时已经设定好,所以输入 CNC 系统的主要是零件加工程序和刀具补偿数据。输入方式有纸带输入、键盘输入、磁盘输入,上位计算机 DNC 通信输入等。CNC 输入工作方式有存储方式和 NC 方式。存储方式是将整个零件程序一次全部输入到 CNC 内部存储器中,加工时再从存储器中把一个一个程序调出。该方式应用较多。NC 方式是 CNC 一边输入一边加工的方式,即在前一程序段加工时,输入后一个程序段的内容。

（2）译码

译码是以零件程序的一个程序段为单位进行处理,把其中零件的轮廓信息（起点、终点、直线或圆弧等）,F、S、T、M 等信息按一定的语法规则解释（编译）成计算机能够识别的数据形式,并以一定的数据格式存放在指定的内存专用区域。编译过程中还要进行语法检查,发现错误立即报警。

（3）刀具补偿

刀具补偿包括刀具半径补偿和刀具长度补偿。为了方便编程人员编制零件加工程序,编程时零件程序是以零件轮廓轨迹来编写的,与刀具尺寸无关。程序输入和刀具参数输入分别进行。刀具补偿的作用是把零件轮廓轨迹按系统存储的刀具尺寸数据自动转换成刀具中心（刀位点）相对于工件的移动轨迹。

刀具补偿包括 B 机能和 C 机能刀具补偿功能。在较高档次的 CNC 中一般应用 C 机能刀具补偿,C 机能刀具补偿能够进行程序段之间的自动转接和过切削判断等功能。

（4）进给速度处理

数控加工程序给定的刀具相对于工件的移动速度是在各个坐标合成运动方向上的速度,即 F 代码的指令值。速度处理首先要进行的工作是将各坐标合成运动方向上的速度,分解成各进给运动坐标方向的分速度,为插补时计算各进给坐标的行程量做准备。另外,对于机床允许的最低和最高速度限制也在这里处理。有的数控机床的 CNC 软件的自动加速和减速也放在这里。

（5）插补

零件加工程序段中的指令行程信息是有限的。如对于加工直线的程序段仅给定起、终点坐标;对于加工圆弧的程序段除了给定其起、终点坐标外,还给定其圆心坐标或圆弧半径。要进行轨迹加工,CNC 必须从一条已知起点和终点的曲线上自动进行"数据点密化"的工作,这就是插补。插补在每个规定的周期（插补周期）内进行一次,即在每个周期内,按指令进给速度计算出一个微小的直线数据段,通常经过若干个插补周期后,插补完一个程序段的加工,也就完成了从程序段起点到终点的"数据点密化"工作。

（6）位置控制

位置控制装置位于伺服系统的位置环上,如图 4.2 所示。它的主要工作是在每个采样周期内,将插补计算出的理论位置与实际反馈位置进行比较,用其差值控制进给电动机。位置控制可由软件完成,也可由硬件完成。在位置控制中通常还要完成位置回路的增益调整、各坐标方向的螺距误差补偿和反向间隙补偿等,以提高机床的定位精度。

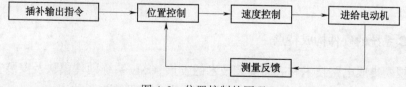

图 4.2　位置控制的原理

（7）I/O 处理

CNC 的 I/O 处理是 CNC 与机床之间的信息传递和变换的通道。其作用一方面是将机床运动过程中的有关参数输入到 CNC 中;另一方面是将 CNC 的输出命令(如换刀、主轴变速换挡、加冷却液等)变为执行机构的控制信号,实现对机床的控制。

(8)显示

CNC 系统的显示主要是为操作者提供方便,显示装置有 CRT 显示器或 LCD 数码显示器,一般位于机床的控制面板上。通常有零件程序的显示、参数的显示、刀具位置的显示、机床状态的显示、报警信息的显示等。有的 CNC 装置中还有刀具加工轨迹的静态和动态模拟加工图形显示。

上述的 CNC 的工作流程如图 4.3 所示。

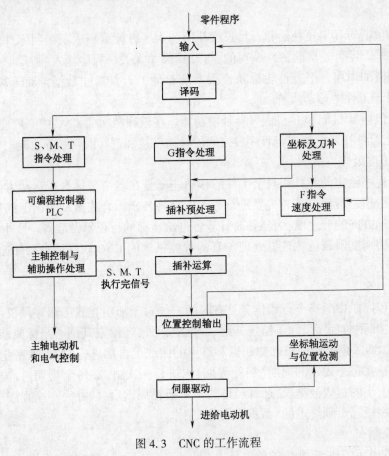

图 4.3　CNC 的工作流程

4.2　CNC 系统的硬件结构

4.2.1　CNC 系统的硬件构成特点

随着大规模集成电路技术和表面安装技术的发展,CNC 系统硬件模块及安装方式不断改进。从 CNC 系统的总体安装结构看,有整体式结构和分体式结构两种。

所谓整体式结构是把 CRT 和 MDI 面板、操作面板以及功能模块板组成的电路板等安装在同一机箱内。这种方式的优点是结构紧凑,便于安装,但有时可能造成某些信号连线过长。分体式结构通常把 CRT 和 MDI 面板、操作面板等做成一个部件,而把功能模块组成的电路板安装在一个机箱内,两者之间用导线或光纤连接。许多 CNC 机床把操作面板也单独作为一个部件,这是由于所控制机床的要求不同, 操作面板相应地要改变, 做成分体式有利于更换和安装。

CNC 操作面板在机床上的安装形式有吊挂式、床头式、控制柜式、控制台式等多种。

从组成 CNC 系统的电路板的结构特点来看,有两种常见的结构,即大板式结构和模块化结构。大板式结构的特点是, 一个系统一般都有一块大板,称为主板。主板上装有主 CPU 和各轴的位置控制电路等。其他相关的子板(完成一定功能的电路板),如 ROM 板、零件程序存储器板和 PLC 板都直接插在主板上面,组成 CNC 系统的核心部分。由此可见,大板式结构紧凑,体积小,可靠性高,价格低,有很高的性能价格比,也便于机床的一体化设计,大板式结构虽有上述优点,但它的硬件功能不易变动,不利于组织生产。

另外一种柔性比较高的结构就是模块化结构,其特点是将 CPU、存储器、输入/输出控制分别做成插件板(称为硬件模块),甚至将 CPU、存储器、输入/输出控制组成独立微型计算机级的硬件模块,相应的软件也是模块结构,固化在硬件模块中。硬软件模块形成一个特定的功能单元,称为功能模块。功能模块间有明确定义的接口,接口是固定的,成为工厂标准或工业标准,彼此可以进行信息交换。于是可以积木式组成 CNC 系统,使设计简单,有良好的适应性和扩展性,试制周期短,调整维护方便,效率高。

从 CNC 系统使用的 CPU 及结构来分,CNC 系统的硬件结构一般分为单 CPU 和多 CPU 结构两大类。初期的 CNC 系统和现在的一些经济型 CNC 系统采用单 CPU 结构,而多 CPU 结构可以满足数控机床高进给速度、高加工精度和许多复杂功能的要求,也适应于 FMS 和 CIMS 运行的需要,从而得到了迅速的发展,它反映了当今数控系统的新水平。

4.2.2 单 CPU 结构 CNC 系统

单 CPU 结构 CNC 系统的基本结构包括:CPU、总线、I/O 接口、存储器、串行接口和 CRT/MDI 接口等,还包括数控系统控制单元部件和接口电路,如位置控制单元、PLC 接口、主轴控制单元、速度控制单元、穿孔机和纸带阅读机接口以及其他接口等。图 4.4 所示为一种单 CPU 结构的 CNC 系统框图。

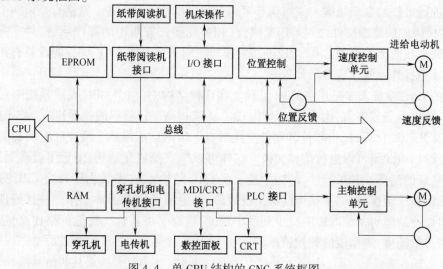

图 4.4 单 CPU 结构的 CNC 系统框图

　　CPU 主要完成控制和运算两方面的任务。控制任务包括:内部控制,对零件加工程序的输入、输出控制,对机床加工现场状态信息的记忆控制等;运算任务是完成一系列的数据处理工作,如译码、刀补计算、运动轨迹计算、插补运算和位置控制的给定值与反馈值的比较运算等。在经济型 CNC 系统中,常采用 8 位微处理器芯片或 8 位、16 位的单片机芯片。中高档的 CNC 通常采用 16 位、32 位甚至 64 位的微处理器芯片。

　　在单 CPU 结构 CNC 系统中通常采用总线结构。总线是微处理器赖以工作的物理导线,按其功能可以分为三组总线,即数据总线(DB)、地址总线(AD)、控制总线(CB)。

　　CNC 装置中的存储器包括只读存储器(ROM)和随机存储器(RAM)两种。系统程序存放在只读存储器 EPROM 中,由生产厂家固化,即使断电,程序也不会丢失。系统程序只能由 CPU 读出,不能写入。运算的中间结果,需要显示的数据,运行中的状态、标志信息等存放在随机存储器 RAM 中。它可以随时读出和写入,断电后,信息就消失。加工的零件程序、机床参数、刀具参数等存放在有后备电池的 CMOS RAM 中,或者存放在磁泡存储器中,这些信息在这种存储器中能随机读出,还可以根据操作需要写入或修改,断电后,信息仍然保留。

　　CNC 装置中的位置控制单元主要对机床进给运动的坐标轴位置进行控制。位置控制的硬件一般采用大规模专用集成电路位置控制芯片或控制模板实现。

　　CNC 接收指令信息的输入有多种形式,如光电式纸带阅读机、磁带机、磁盘、计算机通信接口等形式,以及利用数控面板上的键盘操作的手动数据输入(MDI)和机床操作面板上手动按钮、开关量信息的输入。所有这些输入都要有相应的接口来实现。而 CNC 的输出也有多种,如程序的穿孔机、电传机输出,字符与图形显示的阴极射线管(CRT)输出,位置伺服控制和机床强电控制指令的输出等,同样要有相应的接口来执行。

　　单 CPU 结构 CNC 系统的特点是:CNC 的所有功能都是通过一个 CPU 进行集中控制、分时处理来实现的。该 CPU 通过总线与存储器、I/O 控制元件等各种接口电路相连,构成 CNC 的硬件结构简单,易于实现。由于只有一个 CPU 的控制,功能受字长、数据宽度、寻址能力和运算速度等因素的限制。

4.2.3　多 CPU 结构 CNC 系统

　　多 CPU 结构 CNC 系统是指在 CNC 系统中有两个或两个以上的 CPU 能控制系统总线或主存储器进行工作的系统结构。该结构有紧耦合和松耦合两种形式。紧耦合是指两个或两个以上的 CPU 构成的处理部件之间采用紧耦合(相关性强),有集中的操作系统,共享资源。松耦合是指两个或两个以上的 CPU 构成的功能模块之间采用松耦合(相关性弱或具有相对的独立性),有多重操作系统实现并行处理。

　　现代的 CNC 系统大多采用多 CPU 结构。在这种结构中,每个 CPU 完成系统中规定的一部分功能,独立执行程序,它比单 CPU 结构 CNC 系统提高了计算机的处理速度。多 CPU 结构 CNC 系统采用模块化设计,将软件和硬件模块形成一定的功能模块。模块间有明确的符合工业标准的接口,彼此间可以进行信息交换。这样可以形成模块化结构,缩短了设计制造周期,并且具有良好的适应性和扩展性,结构紧凑。多 CPU 结构 CNC 系统由于每个 CPU 分管各自的任务,形成若干个模块,如果某个模块出现故障,其他模块仍然正常工作。并且插件模块更换方便,可以使故障对系统的影响减少到最小程度,提高了可靠性。性能价格比高,适合于多轴控制、高进给速度、高精度的数控机床。

1. 多 CPU 结构 CNC 系统的典型结构

（1）共享总线结构

在这种结构的 CNC 系统中，只有主模块有权控制系统总线，且在某一时刻只能有一个主模块占有总线，如有多个主模块同时请求使用总线会产生竞争总线问题。

共享总线结构的各模块之间的通信，主要依靠存储器实现，采用公共存储器的方式。公共存储器直接插在系统总线上，有总线使用权的主模块都能访问，可供任意两个主模块交换信息。其结构如图 4.5 所示。

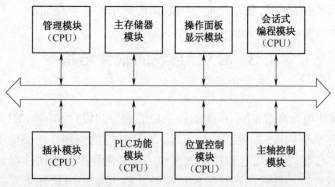

图 4.5 共享总线的多 CPU 结构 CNC 系统结构框图

（2）共享存储器结构

在该结构中，采用多端口存储器实现各 CPU 之间的互连和通信，每个端口都配有一套数据、地址、控制线，以供端口访问。由多端控制逻辑电路解决访问冲突，如图 4.6 所示。

当 CNC 系统功能非常复杂，要求 CPU 数量增多时，会因争用共享存储器而造成信息传输的阻塞，降低系统效率，其扩展功能较为困难。

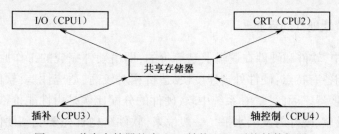

图 4.6 共享存储器的多 CPU 结构 CNC 系统结构框图

2. 多 CPU 结构 CNC 系统基本功能模块

（1）管理模块

该模块是管理和组织整个 CNC 系统工作的模块，主要功能包括：初始化、中断管理、总线裁决、系统出错识别和处理、系统硬件与软件诊断等功能。

（2）插补模块

该模块是在完成插补前，进行零件程序的译码、刀具补偿、坐标位移量计算、进给速度处理等预处理，然后进行插补计算，并给定各坐标轴的位置值。

（3）位置控制模块

对坐标位置给定值与由位置检测装置测到的实际位置值进行比较并获得差值、进行自动加减速、回基准点、对伺服系统滞后量的监视和漂移补偿，最后得到速度控制的模拟电压（或速度的数字量），去驱动进给电动机。

（4）PLC 模块

零件程序的开关量（S、M、T）和机床面板来的信号在这个模块中进行逻辑处理，实现机床电气设备的启、停，刀具交换，转台分度，工件数量和运转时间的计数等。

（5）命令与数据输入/输出模块

指零件程序、参数和数据、各种操作指令的输入/输出，以及显示所需要的各种接口电路。

（6）存储器模块

指程序和数据的主存储器，或是功能模块数据传送用的共享存储器。

4.3　CNC 系统的软件结构

CNC 系统的软件是为完成 CNC 系统的各项功能而专门设计和编制的，是数控加工系统的一种专用软件，又称系统软件（系统程序）。CNC 系统软件的管理作用类似于计算机操作系统的功能。不同的 CNC 装置，其功能和控制方案也不同，因而各系统软件在结构上和规模上差别较大，各厂家的软件互不兼容。现代数控机床的功能大都采用软件来实现，所以，系统软件的设计及功能是 CNC 系统的关键。

数控系统是按照事先编制好的控制程序来实现各种控制的，而控制程序是根据用户对数控系统所提出的各种要求进行设计的。在设计系统软件之前必须细致地分析被控制对象的特点和对控制功能的要求，决定采用哪一种计算方法。在确定好控制方式、计算方法和控制顺序后，将其处理顺序用框图描述出来，使系统设计者对所设计的系统有一个明确而又清晰的轮廓。

4.3.1　CNC 装置软硬件的界面

在 CNC 系统中，软件和硬件在逻辑上是等价的，即由硬件完成的工作原则上也可以由软件完成。但是它们各有特点：硬件处理速度快，造价相对较高，适应性差；软件设计灵活、适应性强，但是处理速度慢。因此，CNC 系统中软、硬件的分配比例是由性能价格比决定的。这也在很大程度上涉及软、硬件的发展水平。一般说来，软件结构首先要受到硬件的限制，软件结构也有独立性。对于相同的硬件结构，可以配备不同的软件结构。实际上，现代 CNC 系统中软、硬件界面并不是固定不变的，而是随着软、硬件的水平和成本，以及 CNC 系统所具有的性能不同而发生变化。图 4.7 所示为不同时期和不同产品中的三种典型的 CNC 系统软、硬件界面。

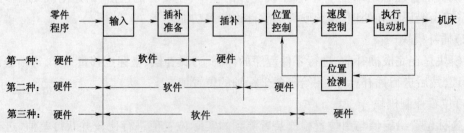

图 4.7　CNC 中三种典型的软硬件界面

4.3.2　CNC 系统控制软件的结构特点

1. CNC 系统的多任务性

CNC 系统作为一个独立的过程数字控制器应用于工业自动化生产中,其多任务性表现在它的管理软件必须完成管理和控制两大任务。其中系统管理包括输入、I/O 处理、通信、显示、诊断以及加工程序的编制管理等程序。系统的控制部分包括:译码、刀具补偿、速度处理、插补和位置控制等软件,如图 4.8 所示。

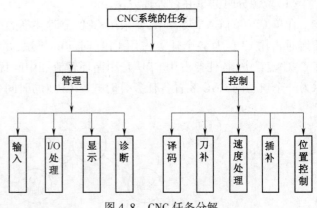

图 4.8　CNC 任务分解

同时,CNC 系统的这些任务必须协调工作。也就是在许多情况下,管理和控制的某些工作必须同时进行。例如,为了便于操作人员能及时掌握 CNC 的工作状态,管理软件中的显示模块必须与控制模块同时运行。当 CNC 处于 NC 工作方式时,管理软件中的零件程序输入模块必须与控制软件同时运行。而控制软件运行时,其中一些处理模块也必须同时进行。如为了保证加工过程的连续性,即刀具在各程序段间不停刀,译码、刀补和速度处理模块必须与插补模块同时运行,而插补又要与位置控制必须同时进行等,这种任务并行处理关系如图 4.9 所示。

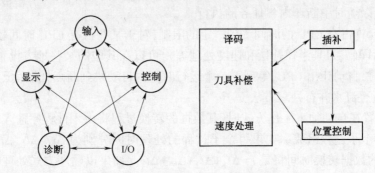

图 4.9　CNC 的任务并行处理关系需求

事实上,CNC 系统是一个专用的实时多任务计算机系统,其软件必然融合现代计算机软件技术中的许多先进技术,其中最突出的是多任务并行处理和多重实时中断技术。

2. 并行处理

并行处理是指计算机在同一时刻或同一时间间隔内完成两种或两种以上性质相同或不相同的工作。并行处理的优点是提高了运行速度。

并行处理分为"资源重复"法、"时间重叠"法和"资源共享"法等并行处理方法。

资源重复是用多套相同或不同的设备同时完成多种相同或不同的任务。如在 CNC 系统硬件设计中采用多 CPU 的系统体系结构来提高处理速度。

资源共享是根据"分时共享"的原则,使多个用户按照时间顺序使用同一套设备。

时间重叠是根据流水线处理技术,使多个处理过程在时间上相互错开,轮流使用同一套设备的几个部分。

目前 CNC 装置的硬件结构中,广泛使用"资源重复"的并行处理技术。如采用多 CPU 的体系结构提高系统的速度。而在 CNC 装置的软件中,主要采用"资源分时共享"和"资源重叠的流水处理"方法。

(1)资源分时共享并行处理方法

在单 CPU 的 CNC 装置中,要采用 CPU 分时共享的原则解决多任务的同时运行。各个任务何时占用 CPU 及各个任务占用 CPU 时间的长短,是首先要解决的两个时间分配的问题。在 CNC 装置中,各任务占用 CPU 是用循环轮流和中断优先相结合的办法来解决。图 4.10 所示为一个典型的 CNC 装置各任务分时共享 CPU 的时间分配。

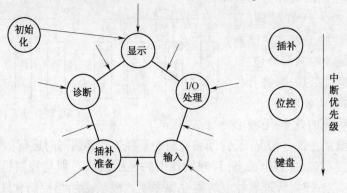

图 4.10   CPU 分时共享的并行处理

系统在完成初始化任务后自动进入时间分配循环中,在环中依次轮流处理各任务。而对于系统中一些实时性很强的任务则按优先级排队,分别处于不同的中断优先级上作为环外任务,环外任务可以随时中断环内各任务的执行。

每个任务允许占有 CPU 的时间受到一定的限制,对于某些占有 CPU 时间较多的任务,如插补准备(包括译码、刀具半径补偿和速度处理等),可以在其中的某些地方设置断点,当程序运行到断点处时,自动让出 CPU,等到下一个运行时间内自动跳到断点处继续运行。

(2)资源重叠流水并行处理方法

当 CNC 装置在自动加工工作方式时,其数据的转换过程将由零件程序输入、插补准备、插补、位置控制四个子过程组成。如果每个子过程的处理时间分别为 Δt_1、Δt_2、Δt_3、Δt_4,那么一个零件程序段的数据转换时间将是 $t = \Delta t_1 + \Delta t_2 + \Delta t_3 + \Delta t_4$。如果以顺序方式处理每个零件的程序段,则第一个零件程序段处理完以后再处理第二个程序段,依此类推。图 4.11(a)所示为顺序处理时的时间空间关系。从图中可以看出,两个程序段的输出之间将有一个时间为 t 的间隔。这种时间间隔反映在电动机上就是电动机的时停时转,反映在刀具上就是刀具的时走时停,这种情况在加工工艺上是不允许的。

消除这种间隔的方法是用时间重叠流水处理技术。采用流水处理后的时间空间关系如图 4.11(b)所示。

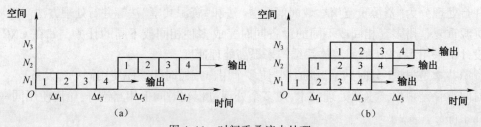

图 4.11   时间重叠流水处理

流水处理的关键是时间重叠,即在一段时间间隔内不是处理一个子过程,而是处理两个或更多的子过程。从图 4.11(b)中可以看出,经过流水处理以后,从时间 Δt_4 开始,每个程序段的输出之间不再有间隔,从而保证了刀具移动的连续性。流水处理要求处理每个子过程的运算时间相等,然而 CNC 装置中每个子过程所需的处理时间都是不同的,解决的方法是取最长的子过程处理时间为流水处理时间间隔。这样在处理时间间隔较短的子过程时,当处理完后就进入等待状态。

在单 CPU 的 CNC 装置中,流水处理的时间重叠只有宏观上的意义。即在一段时间内,CPU 处理多个子过程,但从微观上看,每个子过程是分时占用 CPU 时间。

3. 实时中断处理

CNC 系统软件结构的另一个特点时实时中断处理。CNC 系统程序以零件加工为对象,每个程序段中有许多子程序,它们按照预定的顺序反复执行,各个步骤间关系十分密切,有许多子程序的实时性很强,这就决定了中断成为整个系统不可缺少的重要组成部分。CNC 系统的中断管理主要由硬件完成,而系统的中断结构决定了软件结构。

CNC 的中断类型如下:

(1)外部中断

主要有纸带光电阅读机中断、外部监控中断(如紧急停、量仪到位等)和键盘操作面板输入中断。前两种中断的实时性要求很高,将它们放在较高的优先级上,而键盘和操作面板的输入中断则放在较低的中断优先级上。在有些系统中,甚至用查询的方式来处理它。

(2)内部定时中断

主要有插补周期定时中断和位置采样定时中断。在有些系统中将两种定时中断合二为一。但是在处理时,总是先处理位置控制,然后处理插补运算。

(3)硬件故障中断

它是各种硬件故障检测装置发出的中断。如存储器出错、定时器出错、插补运算超时等。

(4)程序性中断

它是程序中出现的异常情况的报警中断。如各种溢出、除零等。

4.3.3　常规 CNC 系统的软件结构

CNC 系统的软件结构决定于系统采用的中断结构。在常规的 CNC 系统中,已有的结构模式有中断型结构和前后台型两种结构模式。

1. 中断型结构模式

中断型软件结构的特点是除了初始化程序之外,整个系统软件的各种功能模块分别安排在不同级别的中断服务程序中,整个软件就是一个大的中断系统。其管理的功能主要通过各级中断服务程序之间的相互通信来解决。

一般在中断型结构模式的 CNC 软件体系中,控制 CRT 显示的模块为低级中断(0 级中断),只要系统中没有其他中断级别请求,总是执行 0 级中断,即系统进行 CRT 显示。其他程序模块,如译码处理、刀具中心轨迹计算、键盘控制、I/O 信号处理、插补运算、终点判别、伺服系统位置控制等处理,分别具有不同的中断优先级别。开机后,系统程序首先进入初始化程序,进行初始化状态的设置、ROM 检查等工作。初始化后,系统转入 0 级中断 CRT 显示处理。此后系统就进入各种中断的处理,整个系统的管理是通过每个中断服务程序之间的通信方式来实现的。

　　例如,FANUC-BESK 7CM CNC 系统是一个典型的中断型软件结构。整个系统的各个功能模块被分为八级不同优先级的中断服务程序,如表 4.1 所示。

表 4.1　FANUC-BESK 7CM CNC 系统的各级中断功能

中断级别	主　要　功　能	中　断　源
0	控制 CRT 显示	硬件
1	译码、刀具中心轨迹计算,显示器控制	软件,16 ms 定时
2	键盘监控,I/O 信号处理,穿孔机控制	软件,16 ms 定时
3	操作面板和电传机处理	硬件
4	插补运算、终点判别和转段处理	软件,8 ms 定时
5	纸带阅读机读纸带处理	硬件
6	伺服系统位置控制处理	4 ms 实时钟
7	系统测试	硬件

　　其中伺服系统位置控制被安排成很高的级别,因为机床的刀具运动实时性很强。CRT 显示被安排的级别最低,即 0 级,其中断请求是通过硬件接线始终保持存在。只要 0 级以上的中断服务程序均未发生的情况下,就进行 CRT 显示。1 级中断相当于后台程序的功能,进行插补前的准备工作。1 级中断有 13 种功能,对应着口状态字中的 13 个位,每位对应于一个处理任务。在进入 1 级中断服务时,先依次查询口状态字的 0 ~ 12 位的状态,再转入相应的中断服务,如表 4.2 所示。

表 4.2　FANUC-BESK 7CM CNC 系统 1 级中断的 13 种功能

口状态字	对应口的功能
0	显示处理
1	公英制转换
2	部分初始化
3	从存储区(MP、PC 或 SP 区)读一段数控程序到 BS 区
4	轮廓轨迹转换成刀具中心轨迹
5	"再启动"处理
6	"再启动"开关无效时,刀具回到断点"启动"的处理
7	按"启动"按钮时,要读一段程序到 BS 区的预处理
8	连续加工时,要读一段程序到 BS 区的预处理
9	纸带阅读机反绕或存储器指针返回首址的处理
A	启动纸带阅读机使纸带正常进给一步
B	置 M、S、T 指令标志及 G96 速度换算
C	置纸带反绕标志

　　其处理过程如图 4.12 所示。口状态字的置位有两种情况:一是由其他中断根据需要置 1 级中断请求的同时置相应的口状态字;二是在执行 1 级中断的某个口子处理时,置口状态字的另一位。当某一口的处理结束后,程序将口状态字的对应位清除。

　　2 级中断服务程序的主要工作是对数控面板上的各种工作方式和 I/O 信号处理。3 级中断则是对用户选用的外部操作面板和电传机的处理。

4 级中断最主要的功能是完成插补运算。7CM 系统中采用了"时间分割法"(数据采样法)插补。此方法经过 CNC 插补计算输出的是一个插补周期 $T(8\ ms)$ 的 F 指令值,这是一个粗插补进给量,而精插补进给量则是由伺服系统的硬件与软件完成的。一次插补处理分为速度计算、插补计算、终点判别和进给量变换四个阶段。

5 级中断服务程序主要对纸带阅读机读入的孔信号进行处理。这种处理基本上可以分为输入代码的有效性判别、代码处理和结束处理三个阶段。

6 级中断主要完成位置控制、4 ms 定时计时和存储器奇偶校验工作。

7 级中断实际上是工程师的系统调试工作,非使用机床的正式工作。

中断请求的发生,除了第 6 级中断是由 4 ms 时钟发生之外,其余的中断均靠别的中断设置,即依靠各中断程序之间的相互通信来解决。例如,第 6 级中断程序中每两次设置一次第 4 级中断请求(8 ms);每四次设置一次第 1、2 级中断

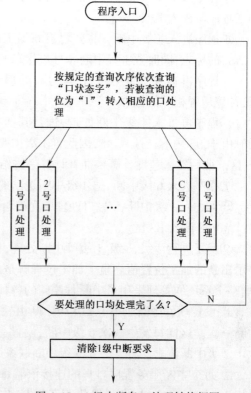

图 4.12 1 级中断各口处理转换框图

请求。插补的第 4 级中断在插补完一个程序段后,要从缓冲器中取出一段并作刀具半径补偿,这时就置第 1 级中断请求,并把 4 号口置 1。

下面介绍 FANUC–BESK 7CM 中断型 CNC 系统的工作过程及其各中断程序之间的相互关联。

(1)开机

开机后,系统程序首先进入初始化程序,进行初始化状态的设置,ROM 检查工作。初始化结束后,系统转入 0 级中断服务程序,进行 CRT 显示处理。每 4 ms 间隔后进入 6 级中断。由于 1 级、2 级和 4 级中断请求均按 6 级中断的定时设置运行,从此以后系统就进入轮流对这几种中断的处理。

(2)启动纸带阅读机输入纸带

做好纸带阅读机的准备工作后,将操作方式置于"数据输入"方式,按下面板上的主程序MP 键。按下纸带输入键,控制程序在 2 级中断"纸带输入键处理程序"中启动一次纸带阅读机。当纸带上的同步孔信号读入时产生 5 级中断请求。系统响应 5 级中断处理,从输入存储器中读入孔信号,并将其送入 MP 区,然后再启动一次纸带阅读机,直到纸带结束。

(3)启动机床加工

①当按下机床控制面板上的"启动"按钮后,在 2 级中断中,判定"机床启动"为有效信息,置 1 级中断 7 号口状态,表示启动按钮后要求将一个程序段从 MP 区读入 BS 区中。

②程序转入 1 级中断,在处理到 7 号口状态时,置 3 号口状态,表示允许进行"数控程序从MP 区读入 BS 区"的操作。

③在 1 级中断依次处理完后返回 3 号口处理,把一数控程序段读入 BS 区,同时置已有新加工程序段读入 BS 区标志。

④程序进入 4 级中断,根据"已有新加工程序段读入 BS 区"的标志,置"允许将 BS 内容读入 AS"的标志,同时置 1 级中断 4 号口状态。

⑤程序再转入 1 级中断,在 4 号口处理中,把 BS 内容读入 AS 区中,并进行插补轨迹计算,计算后置相应的标志。

⑥程序再进入 4 级中断处理,进行其插补预处理,处理结束后置"允许插补开始"标志。同时由于 BS 内容已读入 AS,因此置 1 级中断的 8 号口,表示要求从 MP 区读一段新程序段到 BS 区。此后转入速度计算→插补计算→进给量处理,完成第一次插补工作。

⑦程序进入 6 级中断,把 4 级中断送出的插补进给量分两次进给。

⑧再进入 1 级中断,8 号口处理中允许再读入一段,置 3 号口。在 3 号口处理中把新程序段从 MP 区读入 BS 区。

⑨反复进行 4 级、6 级、1 级等中断处理,机床在系统的插补计算中不断进给,显示器不断显示出新的加工位置值。整个加工过程就是由以上各级中断进行若干次处理完成的。由此可见,整个系统的管理采用了中断程序间的各种通信方式实现的。其中包括:

a. 设置软件中断。第 1、2、4 级中断由软件定时实现,第 6 级中断由时钟定时发生,每4 ms 中断一次。这样每发生两次 6 级中断,设置一次 4 级中断请求,每发生四次 6 级中断,设置一次 1、2 级中断请求。将 1、2、4、6 级中断联系起来。

b. 每个中断服务程序自身的连接依靠每个中断服务程序的"口状态字"位。如 1 级中断分成 13 个口,每个口对应"口状态字"的一位,每一位对应处理一个任务。进行 1 级中断的某口的处理时可以设置"口状态字"的其他位的请求,以便处理完某口的操作时立即转入到其他口的处理。

c. 设置标志。标志是各个程序之间通信的有效手段。如 4 级中断每 8 ms 中断一次,完成插补预处理功能。而译码、刀具半径补偿等在 1 级中断中进行。当完成了其任务后应立刻设置相应的标志,若未设置相应的标志,CNC 会跳过该中断服务程序继续往下进行。

2. 前后台型结构模式

该结构模式的 CNC 系统的软件分为前台程序和后台程序。前台程序是指实时中断服务程序,实现插补、伺服、机床监控等实时功能。这些功能与机床的动作直接相关。后台程序是一个循环运行程序,完成管理功能和输入、译码、数据处理等非实时性任务,又称背景程序,管理软件和插补准备在这里完成。后台程序运行中,实时中断程序不断插入,与后台程序相配合,共同完成零件加工任务。图 4.13 所示为前后台软件结构中,实时中断程序与后台程序的关系图。这种前后台型的软件结构一般适合单处理器集中式控制,对 CPU 的性能要求较高。程序启动

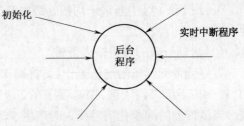

图 4.13　前后台软件结构

后先进行初始化,再进入后台程序环,同时开放实时中断程序,每隔一定的时间中断发生一次,执行一次中断服务程序,此时后台程序停止运行,实时中断程序执行后,再返回后台程序。

美国 A-B7360 CNC 软件是一种典型的前后台型软件。其结构框图如图 4.14 所示。该图的右侧是实时中断程序处理的任务,主要的可屏蔽中断有 10.24 ms 实时时钟中断、阅读机中

断和键盘中断。其中阅读机中断优先级最高,10.24 ms 实时时钟中断优先级次之,键盘中断优先级最低。阅读机中断仅在输入零件程序时启动了阅读机后才发生,键盘中断也仅在键盘方式下发生,而 10.24 ms 中断总是定时发生的。左侧则是背景程序处理的任务。背景程序是一个循环执行的主程序,而实时中断程序按其优先级随时插入背景程序中。

当 A-B7360 CNC 控制系统接通电源或复位后,首先运行初始化程序,然后,设置系统有关的局部标志和全局性标志;设置机床参数;预清机床逻辑 I/O 信号在 RAM 中的映像区;设置中断向量;并开放 10.24 ms 实时时钟中断,最后进入紧停状态。此时,机床的主轴和坐标轴伺服系统的强电是断开的,程序处于对"紧停复位"的等待循环中。由于 10.24 ms 时钟中断定时发生,控制面板上的开关状态随时被扫描,并设置了相应的标志,以供主程序使用。一旦操作者按了"紧停复位"按钮,接通机床强电时,程序下行,背景程序启动。首先进入 MCU 总清(即清除零件程序缓冲区、键盘 MDI 缓冲区、暂存区、插补参数区等),并使系统进入约定的初始控制状态(如 G01、G90 等),接着根据面板上的方式进行选择,进入相应的方式服务环中。各服务环的出口又循环到方式选择例程,一旦 10.24 ms 时钟中断程序扫描到面板上的方式开关状态发生了变化,背景程序便转到新的方式服务环中。无论背景程序处于何种方式服务中,10.24 ms 的时钟中断总是定时发生的。

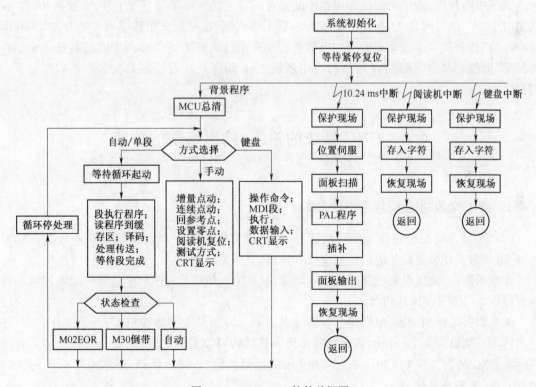

图 4.14　7360 CNC 软件总框图

在背景程序中,自动/单段是数控加工中最主要的工作方式,在这种工作方式下的核心任务是进行一个程序段的数据预处理,即插补预处理。即一个数据段经过输入译码、数据处理后,就进入就绪状态,等待插补运行。所以图 4.14 中段执行程序的功能是将数据处理结果中的插补用信息传送到插补缓冲器,并把系统工作寄存器中的辅助信息(S、M、T 代码)送到系统标志单元,以供系统全局使用。在完成了这两种传送之后,背景程序设立一个数据段传送结束标志及一个开放插补标志。在这两个标志建立之前,定时中断程序尽管照常发生,但是不执行插补及辅助信息处理等工作,仅执行一些例行的扫描、监控等功能。这两个标志的设置体现了背景程序对实时中断程序的控制和管理。这两个标志建立后,实时中断程序即开始执行插补、伺服输出、辅助功能处理,同时,背景程序开始输入下一程序段,并进行新一个数据段的预处理。在这里,系统设计者必须保证在任何情况下,在执行当前一个数据段的实时插补运行过程中必须将下一个数据段的预处理工作结束,以实现加工过程的连续性。这样,在同一时间段内,中断程序正在进行本段的插补和伺服输出,而背景程序正在进行下一段的数据处理。即在一个中断周期内,实时中断开销一部分时间,其余时间给背景程序。

一般情况下,下一段的数据处理及其结果传送比本段插补运行的时间短,因此,在数据段执行程序中有一个等待插补完成的循环,在等待过程中不断进行 CRT 显示。由于在自动/单段工作方式中,有段后停的要求,所以在软件中设置循环停请求。若整个零件程序结束,一般情况下要停机。若仅仅本段插补加工结束而整个零件程序未结束,则又开始新的循环。循环停处理程序是处理各种停止状态的,例如在单段工作方式时,每执行完一个程序段时就设立循环停状态,等待操作人员按循环启动按钮。如果系统一直处于正常的加工状态,则跳过该处理程序。

关于中断程序,除了阅读机和键盘中断是在其特定的工作情况下发生外,主要是10.24 ms的定时中断。该时间是 7360 CNC 的实际位置采样周期,也就是采用数据采样插补方法(时间分割法)的插补周期。该实时时钟中断服务程序是系统的核心。CNC 的实时控制任务包括位置伺服、面板扫描、机床逻辑(可编程应用逻辑 PAL 程序)、实时诊断和轮廓插补等都在其中实现。

4.4　CNC 系统的输入/输出与通信功能

4.4.1　CNC 装置的输入/输出和通信要求

CNC 装置作为控制独立的单台机床设备时,通常需要与下列设备相接并进行数据的输入、输出并与其他装置设备进行信息交换和传递,具体要求如下:

①数据输入/输出设备。如光电纸带阅读机(PTR)、纸带穿孔机(PP)、零件的编程机和可编程控制器(PLC)的编程机等。

②外部机床控制面板,包括键盘和终端显示器。特别是大型数控机床,为了操作方便,往往在机床一侧设置一个外部的机床控制面板。其结构可以是固定的,或者是悬挂式的。它往往远离 CNC 装置。早期 CNC 装置采用专用的远距离输入/输出接口,近来采用标准的 RS-232C/20 mA 电流环接口。

③通用的手摇脉冲发生器。

④进给驱动线路和主轴驱动线路。一般情况下,主轴驱动和进给驱动线路与 CNC 装置装在同一机柜或相邻机柜内,通过内部连线相连,它们之间不设置通用输入/输出接口。

例如,西门子公司 Sinumerik 3 或 8 系统设有 V24(RS-232C)/20 mA 接口供程序输入/输出之用。Sinumerik 810/820 设有两个通用 V24/20 mA 接口,可用以连接数据输入/输出设备。而外部机床控制面板通过 I/O 模块相连。规定 V24 接口传输距离不大于 50 m,20 mA 电流环接口可达 1 000 m。

随着工厂自动化(FA)和计算机集成制造系统(CIMS)的发展,CNC 装置作为 FA 或 CIMS 结构中的一个基础层次,用作设备层或工作站层的控制器时,可以是分布式数控系统(DNC 或称群控系统)、柔性制造系统(FMS)的有机组成部分。一般通过工业局部网络相连。

CNC 装置除了要与数据输入/输出设备等外围设备相连接外,还要与上级主计算机或 DNC 计算机直接通信或通过工厂局部网络相连,具有网络通信功能。CNC 装置与上级计算机或单元控制器间交换的数据要比单机运行时多得多。例如,机床启停信号、操作指令、机床状态信息、零件程序的传送,其他 CNC 数据的传送等。为此,传送的速率也要高些,一般通过 RS-232C/20 mA 接口的传送速率不超过 9 600 bit/s。

4.4.2　CNC 系统常用外设及接口

CNC 系统的外围设备是指为了实现机床控制任务而设置的输入/输出装置。我们知道,不同的数控设备配备外围设备(简称外设)的类型和数量都不一样。大体来说,外设包括输入设备和输出设备两种。输入设备常见的有自动输入的纸带阅读机、磁带机、磁盘驱动器、光盘驱动器,手动输入的有键盘、手动操作的各种控制开关等。零件的加工程序、各种补偿的数据、开关状态等都要通过输入设备送入数控系统。输出设备常见的有通用显示器(如指示灯)、外部位置显示器(如 CRT 显示器、发光二极管(LED)显示器等)、纸带穿孔机、电传打字机、行式打印机等。

下面介绍一些常见的外围设备和相应接口。

1. 纸带阅读机输入及工作原理

读入纸带信息的设备称为纸带阅读机或读带机,早期的数控机床多配有这种装置。它把纸带上有孔和无孔的信息逐行地转换为数控装置可以识别和处理的逻辑信号。读带机通常有机械式和光电式两种。机械式阅读机利用接触转换原理识别出两种信号,纸带在行进的过程中,有孔触点则接合,无孔触点则不接合。由于接触式读带机纸带传送速度较低,易产生接触不良,影响阅读信息的可靠性,纸带在行进过程中一直与触点接触,容易磨损,影响纸带使用寿命,纸带还容易变形,不易保存,因此后来发展多采用光电式阅读机。光电式阅读机有多种型号,但其原理和结构大致相同。都是采用光敏元件来识别程序纸带上有孔和无孔的信息,所以,反应速度快,具有较强的抗干扰能力和较高的阅读速度,一般约为 300 行/秒。

不论是哪种形式的纸带阅读机,目前已经基本上被淘汰,取而代之的是计算机用磁盘或光盘驱动器等。

2. 键盘输入及接口

键盘是数控机床最常用的输入设备,是实现人机对话的一种重要手段,通过键盘可以向计算机输入程序、数据及控制命令。键盘有两种基本类型:全编码键盘和非编码键盘。

全编码键盘每按下一键,键的识别由键盘的硬件逻辑自动提供被按键的 ASCII 代码或其他编码,并能产生一个选通脉冲向 CPU 申请中断,CPU 响应后将键的代码输入内存,通过译码执行该键的功能。此外还有消除抖动、多键和串键的保护电路。这种键盘的优点是使用方便,不占用 CPU 的资源,但价格昂贵。非编码键盘,其硬件上仅提供键盘的行和列的矩阵,其他识别、译码等全部工作都由软件完成。所以非编码键盘结构简单,是较便宜的输入设备。这里主要介绍非编码键盘的接口技术和控制原理。

非编码键盘在软件设计过程中必须解决的问题是:识别键盘矩阵中被按下的键,产生与被按键对应的编码,消除按键时产生的抖动干扰,防止键盘操作中串键的错误(同时按下一个以上的键)。图 4.15 所示为一般微机系统常用的键盘结构线路。它是由 8 行×8 列的矩阵组成,有 64 个键可供使用。行线和列线的交点是单键按钮的接点,键按下,行线和列线接通。CPU 的 8 条低位地址线通过反相驱动器接至矩阵的列线,矩阵的行线经反相三态缓冲器接至 CPU 的数据总线上。CPU 的高位地址通过译码接至三态缓冲器的控制端,所以 CPU 访问键盘是通过地址线,与访问其他内存单元相同。键盘也占用了内存空间。若高位地址译码的信号是 38H,则 3800H~38FFH 的存储空间为键盘所占用。

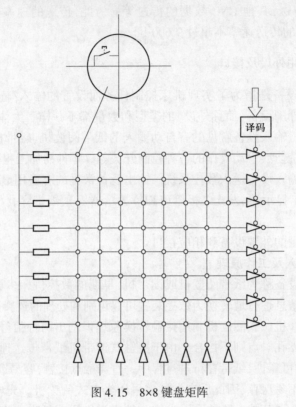

图 4.15　8×8 键盘矩阵

3. 显示

　　CNC 系统接收到操作者输入的信息以后,往往还要把接收到的信息告知操作者,以便进行下一步操作。例如,操作者用按键选择了 CNC 的某种工作方式,CNC 系统就要用文字把当前的状态显示出来,告知操作者是否已经接收到了正确的信息;在零件程序的输入过程中,每输入一个字符,CNC 系统也都要将其显示出来,操作者可以很方便地知道正在输入的当前位置;已经在内存的零件程序如果需要修改,也可以显示出来,以便操作者找到修改的位置。所有这些,都要求 CNC 系统具有显示数据和其他信息的功能。因此,显示是数控机床最常用的输出设备,也是实现人机对话的一个重要手段。尤其是现代 CNC 系统采用的 CRT 显示,大大扩展了显示功能,它不仅能显示字符,还能显示图形。所以,在 CNC 系统中,常采用各种显示方式以简化操作和丰富操作内容,用来显示编制的零件加工程序,显示输入的数据、参数和加工过程的状态(动态坐标值等)以及加工过程的动态模拟等,使操作既直观又方便。早期的 CNC 系统多采用发光二极管(LED)显示器,现代 CNC 系统都配有阴极射线管(CRT)显示器,最新的还采用液晶显示器。下面仅对 LED 和 CRT 显示器进行介绍。

（1）发光二极管（LED）显示器

LED 显示器可以有多种形式，如七段、八段、米字形显示器等，如图 4.16 所示。它是以条状线段的发光二极管所排列成的七段、八段或米字形状而命名的。但其中以七段 LED 显示器的应用最为广泛，它既可显示 0~9 的数字也可显示大部分的英文字母。例如：若要显示数字"5"，则可选择 a、c、d、f、g 段发光，要显示英文字母"H"，则可选择 b、c、e、f、g 段发光，依此类推。

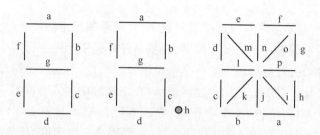

图 4.16　LED 显示器

每个发光二极管通常需 2~20 mA 的正向驱动电流才能发光，因此每个 7 段 LED 显示器都需有 7 个驱动器才能正常工作。电路连接如图 4.17 所示。当输入端 QA 为低电平且发光二极管的 P 端也为低电平时，使驱动三极管 T_1 导通，有一定的正向电流从驱动管 T_1 流向 a 段，使 a 管发光。反之，若输入端为高电位或 P 端为高电位则该段不发光。

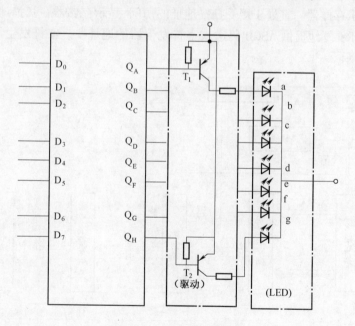

图 4.17　七段 LED 的连接

字形的构成取决于数码管相应段的发光，所以在输入端需要有一个数据锁存器（称字形锁存器）输出相应的数码来保持字形的显示。每一位七段显示器都应带一个字形锁存器及相应的三极管驱动电路，所有的 P 端均接地，这样，每一位所显示的字形只取决于相应的字形锁存器所存储的数据，而各位显示器之间互不干扰，显示内容的变化仅由 CPU 向各字形锁存器送出相应编码，当显示内容不变时，无须 CPU 服务。

（2）阴极射线管（CRT）显示器

CRT 显示器是中、高档数控机床常用的输出设备，能较直观地实现屏幕编辑，显示编制的零件加工程序。CRT 显示器有两种类型：一类是只能显示数字和文字的字符显示器，大都是 9 英寸单色显示器。另一类是既可显示字符又能显示图形的图形显示器，配有 14 英寸彩色显示器的 CNC 系统大都具有这种功能。字符显示器的结构比较简单，用途广泛，可以作为信息输入/输出显示，有屏幕编辑能力。图形显示可以显示几何图形，可实现动态轨迹模拟，具有较强的直观显示功能。

①显示存储器。显示屏幕只有逐帧重复显示，才能形成稳定的帧面，为了实现帧面信号的重复再生，CRT 显示器设有一个显示存储器，提供 ASCII 码来产生字符发生器的地址。显示存储器的每一个存储单元，对应屏幕上的一个字符位置。所以，若需将字符显示在屏幕的某一位置上，只要选中与屏幕相对应的显示存储器地址，在该地址中写入字符的 ASCII 码即可。当屏幕显示格式规定为 16 行、每行 64 个字符时，显示存储器必须具有 64×16 个存储单元，共需 1 kB RAM 存放 1 024 个字符的 ASCII 代码。所以，要形成一帧图像，凡是需要显示的字符，必须将该字符的 ASCII 码存入显示存储器相应的存储单元中。

显示存储器必须接受两种访问：一种是 CPU 的访问；另一种是由硬件电路中的分频器产生 10 条地址线（$C_1 \sim C_6$，$R_1 \sim R_4$）的访问。图 4.18 所示为显示器硬件框图。

这两种访问由多路转换器实现。当 CPU 要访问时，由地址线产生 VID=0 信号，CPU 可以向显示存储器执行写操作，将要显示字符的 ASCII 码写入相应地址的显示存储器中。除了 CPU 访问外，显示存储器一直处于接受扫描地址的访问，显示存储器在扫描地址访问时，总处于读出状态，循环反复地提供 ASCII 码送入字符发生器的地址线。字符发生器连续提供字符的点阵代码供显示。

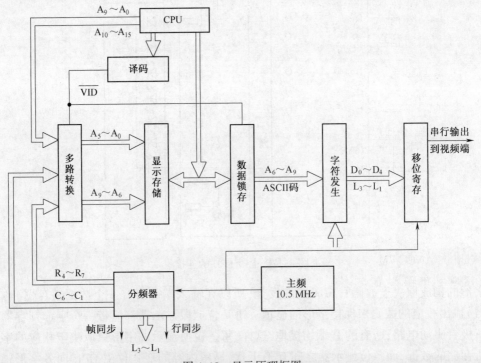

图 4.18　显示原理框图

当需要显示信息时启动显示信息子程序,将所显示的信息从计算机内存送到 CRT 内的显示存储器(即缓冲存储器)。由于显示存储器和 CRT 屏幕是一一对应的,一经输入即按新的内容显示。如果没有新的内容输入即按原有信息重复刷新。

②图形显示。图形显示具有直观、形象的特点,配有图形功能的 CNC 系统会给操作者带来很大的方便。例如,利用 CRT 的图形功能可对零件程序进行仿真,显示零件轮廓,显示刀具轨迹,检查加工程序是否合格,判别会不会出现干涉现象等。总之,CNC 系统配上图形功能后,使之面目为之一新。下面简单介绍一下 CRT 的图形原理。

显示图形的 CRT 的扫描过程与前述的字符显示 CRT 一样,两者最大的区别在于显示存储器中的映像信息。字符显示时,显示存储器中存储的是屏幕上某个位置要显示字符的 ASCII 码。图形显示时,存储的则是若干个像素。所谓像素是指显示图形时所采用的点(点又称最小画图单位)。为了显示一幅图形,需要有成千上万个像素来构成这幅图。把 CRT 设置成图形显示方式,则要把整个 CRT 作为一个像素矩阵来看,人们常用分辨率来描述一个 CRT 的像素数。例如,640×480 表示 CRT 有 480 条扫描线,每条线上有 640 个像素。通过软件来控制 CRT 上像素的色彩(如亮与灭),就可以作出各种所需要的图形。

4. 典型数控系统的 DNC 通信接口

通信接口可将其分为经济型数控系统、无 RS-232C 串行通信接口的数控系统、有 RS-232C 串行通信接口的数控系统和有 DNC 通信接口的数控系统四类。这些数控系统(或经改造后)可实现不同的 DNC 通信功能。中国工厂对 DNC 功能需求差异较大,有的只需要基本 DNC 功能即可,有的则需要广义 DNC 功能。

(1)经济型数控系统

中国早期的经济型数控系统大多由单板机改装而成,无 RS-232C 串行通信接口,但大多数配有纸带阅读和磁带录音机接口。这类数控系统只能实现基本 DNC 功能,且需外接一 DNC 接口板,如图 4.19 所示。先由微机将数据传送给 DNC 接口板,并存入其数据缓存器,再由接口板将数据以纸带信息方式输出给数控系统。

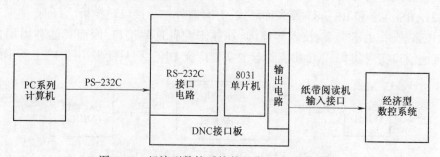

图 4.19　经济型数控系统的基本 DNC 通信接口

(2)无 RS-232C 串行通信接口的数控系统

早期的 FANUC 7M 等数控系统,由于生产年代早,未配 RS-232C 串行通信接口,其纸带阅读机和穿孔机的输入、输出口是并行的,对这类系统实施 DNC,可以外加 DNC 接口板。由于 FANUC 7M 系统有纸带阅读机、纸带穿孔机和 PLC 接口,因此可视需要实现基本 DNC、狭义 DNC 和广义 DNC 三种方式,如图 4.20 所示。

(3)有 RS-232C 串行通信接口的数控系统

目前使用的数控系统大多带有 RS-232C 串行通信接口,如 FANUC 6M、CincinnatiA 2100E

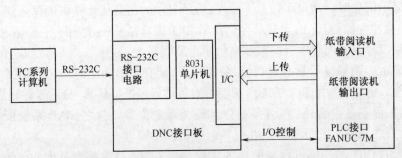

图 4.20　FANUC 7M 系统的三种 DNC 通信接口

等。利用该 RS-232C 口可直接实现狭义 DNC 和数控程序上下传功能。要实现广义 DNC 的系统状态采集和远程控制功能,同样必须外接 DNC 通信接口板以增加 I/O 控制功能。以 FANUC 6M 为例,如图 4.21 所示。

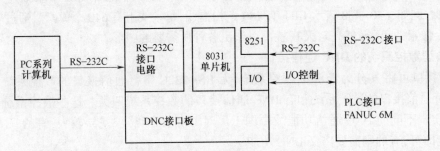

图 4.21　FANUC 6M 系统的广义 DNC 通信接口

(4)有 DNC 通信接口的数控系统

20 世纪 90 年代国外各大数控公司生产的数控系统大多带有 DNC 通信接口,如 FANUC 0、FANUC 15 系统等,有的甚至可配置 MAP 3.0 等网络接口。这些数控系统只要配置了相应的 DNC 接口软硬件就可实现广义 DNC 功能,如图 4.22 所示。这种 DNC 通信接口的物理层有 RS-232C、RS-422 和 RS-485 等多种形式,有时需外加一接口转换板。目前,中国工厂在进口这类数控系统时,由于资金、技术等原因,往往未配置这些接口,因而只能利用预备的 RS-232C 串行通信口实现狭义 DNC 功能。若要实现广义 DNC,则只能采用图 4.21 所示的方法。

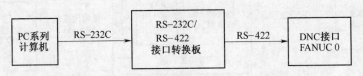

图 4.22　FANUC 0 系统的广义 DNC 通信接口

4.5　开放式数控系统的结构及其特点

4.5.1　标准的软件化、开放式控制器

传统的数控系统采用专用计算机系统,软硬件对用户都是封闭的,主要存在以下问题:

①由于传统数控系统的封闭性,各数控系统生产厂家的产品软硬件不兼容,使得用户投资

安全性受到威胁,提高了购买成本和产品生命周期内的使用成本。同时专用控制器的软硬件的主流技术远远落后于 PC 技术,系统无法"借用"日新月异的 PC 技术而升级。

②系统功能固定,不能充分反映机床制造厂的生产经验,不具备某些机床或工艺特征需要的性能,用户无法对系统进行重新定义和扩展,也很难满足最终用户的特殊要求。作为机床生产厂希望生产的数控机床有自己的特色以区别于竞争对手的产品,以利于在激烈的市场竞争中占有一席之地,而传统的数控系统是做不到的。

③传统数控系统缺乏统一有效和高速的通道与其他控制设备和网络设备进行互连,信息被锁在"黑匣子"中,每一台设备都成为自动化的"孤岛",对企业的网络化和信息化发展是一个障碍。

④传统数控系统人机界面不灵活,系统的培训和维护费用昂贵。许多厂家花巨资购买高档数控设备,面对几本甚至十几本沉甸甸的技术资料不知从何下手。由于缺乏使用和维护知识,购买的设备不能充分发挥其作用。一旦出现故障,面对"黑匣子"无从下手,维修费用十分昂贵。有的设备由于不能正确使用以致长期处于瘫痪状态,花巨资购买的设备非但不能发挥作用反而成了企业的沉重包袱。

在计算机技术飞速发展的今天,商业和办公自动化的软硬件系统开放性已经非常好,如果计算机的任何软硬件出了故障,都可以很快从市场买到它并加以解决,而这在传统封闭式数控系统中是做不到的。为克服传统数控系统的缺点,数控系统正朝着开放式数控系统的方向发展。目前其主要形式是基于 PC 的 NC,即在 PC 的总线上插上具有 NC 功能的运动控制卡完成实时性要求高的 NC 内核功能,或者利用 NC 与 PC 通信改善 PC 的界面和其他功能。这种形式的开放式数控系统在开放性、功能、购买和使用总成本以及人机界面等方面较传统数控有很大改善,但它还包含有专用硬件、扩展不方便。国内外现阶段开发的开放式数控系统大都是这种结构形式的。这种 PC 化的 NC 还有专有化硬件,还不是严格意义上的开放式数控系统。

要实现控制系统的开放,首先得有一个大家遵循的标准。国际上一些工业化国家都开展了这一方面的研究,旨在建立一种标准规范,使得控制系统软硬件与供应商无关,并且实现可移植性、可扩展性、互操作性、统一的人机界面风格和可维护性以取得产品的柔性、降低产品成本和使用的隐性成本、缩短产品供应时间。这些计划包括①欧盟的 ESPRIT 6379 OSACA (Open System Architecture for Control with Automation Systems)计划,开始于 1992 年,历时 6 年,有由控制供应商、机床制造企业和研究机构等 35 个成员组成。②美国空军开展了 NGC(下一代控制器)项目的研究,美国国家标准技术协会 NIST 在 NGC 的基础上进行了进一步研究工作,提出了增强型机床控制器(Enhanced Machine Controller, EMC),并建立了 Linux CNC 实验床验证其基本方案;美国三大汽车公司联合研究了 OMAC,他们联合欧洲 OSACA 组织和日本的 JOP(Japan FA Open Systems Promotion Group)建立了一套国际标准的 API,是一个比较实用且影响较广的标准。③日本联合六大公司成立了 OSEC(Open System Environment for Controller)组织,该组织讨论的重点是 NC(数字控制)本身和分布式控制系统。该组织定义了开放结构和生产系统的界面规范,推进工厂自动化控制设备的国际标准。

2000 年,国家经贸委和机械工业局组织进行 "新一代开放式数控系统平台"的研究开发。2001 年 6 月完成了在 OSACA 的基础上编制"开放式数控系统技术规范"和建立了开放式数控系统软、硬件平台,并通过了国家级验收。此外还有一些学校、企业也在进行开放式数控系统的研究开发。

4.5.2　开放式数控系统所具有的主要特点

1. 软件化数控系统内核扩展了数控系统的柔性和开放性，降低了系统成本

随着计算机性能的提高和实时操作系统的应用，软件化 NC 内核将被广泛接受。它使得数控系统具有更大的柔性和开放性，方便系统的重构和扩展，降低系统的成本。数控系统的运动控制内核要求有很高的实时性(伺服更新和插补周期为几十微秒~几百微秒)，其实时性实现有两种方法：硬件实时和软件实时。

在硬件实时实现上，早期 DOS 系统可直接对硬中断进行编程来实现实时性，通常采用在 PC 上插 NC I/O 卡或运动控制卡。由于 DOS 是单任务操作系统，非图形界面，因此在 DOS 下开发的数控系统功能有限，界面一般，网络功能弱，有专有硬件，只能算是基于 PC 化的 NC，不能算是真正的开放式数控系统，如华中 I 型、航天 CASNUC 901 系列、四开 SKY 系列等；Windows 系统推出后，由于其不是实时系统，要达到 NC 的实时性，只有采用多处理器，常见的方式是在 PC 上插一块基于 DSP 处理器的运动控制卡，NC 内核实时功能由运动控制卡实现，称为 PC 与 NC 的融合。这种方式给 NC 功能带来了较大的开放性，通过 Windows 的 GUI 可实现很好的人机界面，但是运动控制卡仍属于专有硬件，各厂家产品不兼容，增加成本(1~2 万元)，且 Windows 系统工作不稳定，不适合于工业应用(Windows NT 工作较稳定)。目前大多宣称为开放式的数控系统属于这一类，如功能非常强大的 MAZAK 的 Mazatrol Fusion 640、美国 A2100、Advantage 600、华中 HNC-2000 数控系统等。

在软件实时实现上，只需一个 CPU，系统简单，成本低，但必须有一个实时操作系统。实时系统根据其响应的时间可分为硬实时(Hard real time，小于 100 μs)、严格实时(Firm real time，小于 1 ms)和软实时(Soft real time，毫秒级)，数控系统内核要求硬实时。现有两种方式：一种是采用单独实时操作系统如 QNX、Lynx、VxWorks 和 Windows CE 等，这类实时操作系统比较小，对硬件的要求低，但其功能相对 Windows 等较弱。如美国 Clesmen 大学采用 QNX 研究的 Qmotor 系统；另一种是在标准的商用操作系统上加上实时内核，如 Windows NT 加 VenturCOM 公司的 RTX 和 Linux 加 RTLinux 等。这种组合形式既满足了实时性要求，又具有商用系统的强大功能。Linux 系统具有丰富的应用软件和开发工具，便于与其他系统实现通信和数据共享，可靠性比 Windows 系统高，Linux 系统可以三年不关机，这在工业控制中是至关重要的。目前制造系统在 Windows 下的应用软件比较多，为解决 Windows 应用软件的使用，可以通过网络连接前端 PC 扩展运行 Windows 应用软件，既保证了系统的可靠性又达到了已有软件资源的应用。Windows NT+RTX 组合的应用较成功的有美国的 OpenCNC 和德国的 PA 公司(自己开发的实时内核)，这两家公司均有产品推出，另外 SIMENS 公司的 SINUMERIK 840Di 也是一种采用 NT 操作系统的单 CPU 的软件化数控系统。Linux 和 RTLinux 是源代码开放的免费操作系统，发展迅猛，是我国力主发展的方向。

2. 数控系统与驱动和数字 I/O(PLC 的 I/O)连接的发展方向是现场总线

传统数控系统驱动和 PLC I/O 与控制器是直接相连的，一个伺服电动机至少有 11 根线，当轴数和 I/O 点多时，布线相当多，出于可靠性考虑，线长有限(一般 3~5 m)，扩展不易，可靠性低，维护困难，特别是采用软件化数控内核后，通常只有一个 CPU，控制器一般在操作面板端，离控制箱(放置驱动器等)不能太远，给工程实现带来困难，所以一般 PC 数控系统多采用一体化机箱，但这又不为机床厂家和用户接受。而现场总线用一根通信线或光纤将所有的驱动和 I/O 级联起来，传送各种信号，以实现对伺服驱动的智能化控制。这种方式连线少，可靠

性高,扩展方便,易维护,易于实现重配置,是数控系统的发展方向。现在数控系统中采用的现场总线标准有 PROFIBUS(传输速率 12 Mbit/s),如 Siemens 802D 等;光纤现场总线 SERCOS(最高为 16 Mbit/s,但目前大多系统为 4 Mbit/s),如 Indramat System 2000 和北京机电院的 CH-2010/S,北京和利时公司也研究了 SERCOS 接口的演示系统;CAN 现场总线,如华中数控和南京四开的系统等,但目前基于 SERCOS 和 PROFIBUS 的数控系统都比较贵。而 CAN 总线传输速率慢,最大传输速率为 1 Mbit/s 时,传输距离为 40 m。

3. 网络化是基于网络技术的 E-Manufacturing 对数控系统的必然要求

传统数控系统缺乏统一、有效和高速的通道与其他控制设备和网络设备进行互连,信息被锁在"黑匣子"中,每台设备都成为自动化的"孤岛",对企业的网络化和信息化发展是一个障碍。CNC 机床作为制造自动化的底层基础设备,应该能够双向高速地传送信息,实现加工信息的共享、远程监控、远程诊断和网络制造,基于标准 PC 的开放式数控系统可利用以太网技术实现强大的网络功能,实现控制网络与数据网络的融合,实现网络化生产信息和管理信息的集成以及加工过程监控、远程制造、系统的远程诊断和升级;在网络协议方面,制造自动化协议(Manufacturing Automation Protocol,MAP)由于其标准包含内容太广泛,应用层未定义,难以开发硬件和软件,每个站需有专门的 MAP 硬件,价格昂贵,缺乏广泛的支持而逐渐淡出市场。现在广为大家接受的是采用 TCP/IP 协议,美国 HAAS 公司的 Creative Control Group 将这一以太网的数控网络称为 DCN(Direct CNC Networking)。数控系统网络功能方面,日本的 MAZAKA 公司 的 Mazatrol Fusion 640 系统有很强的网络功能,可实现远程数据传输、管理和设备故障诊断等。

4.5.3 基于 Linux 的开放式结构数控系统

1. 系统组成

该系统是一个基于标准 PC 硬件平台和 Linux 与 RTLinux 结合的软件平台之上,设备驱动层采用现场总线互连、与外部网络或 Intranet 采用以太网连接,形成一个可重构配置的纯软件化结合多媒体和网络技术的高档开放式结构数控系统平台。

该平台数控系统运行于没有运动控制卡的标准 PC 硬件平台上,软件平台采用 Linux 和 RTLinux 结合,一些时间性要求严的任务,如运动规划、加减速控制、插补、现场总线通信、PLC 等,由 RTLinux 实现,而其他一些时间性不强的任务在 Linux 中实现,详见图 4.23 软件结构框图。

基于标准 PC 的控制器与驱动设备和外围 I/O 的连接采用磁隔离的高速 RS422 标准现场总线,该总线每通道的通信速率为 12 Mbit/s 时,采用普通双绞线通信距离可达 100 m。主机端为 PCI 总线卡,有四个通道(实际现只用两个通道:一个通道连接机床操作面板,另一通道连接设备及 I/O),设备端接口通过 DSP 芯片转换成标准的电动机控制信号。每个通道的控制结点可达 32 个,每个结点可控制 1 根轴(通过通信协议中的广播同步信号使各轴间实现同步联动)或一组模拟接口(如测量接口、系统监控传感器接口等)或一组 PLC I/O(最多可达 256 点),PLC 的总点数可达 2048 点(可参见图 4.24 现场总线网络拓扑结构)。

2. 系统的主要特点

①控制器具有动态地自动识别系统接口卡的功能,系统可重配置以满足不同加工工艺的机床和设备的数控要求,驱动电动机可配数字伺服、模拟伺服和步进电动机。

②网络功能。通过以太网(不用过时的、价格昂贵的、缺乏广泛支持的 MAP 协议)实现数

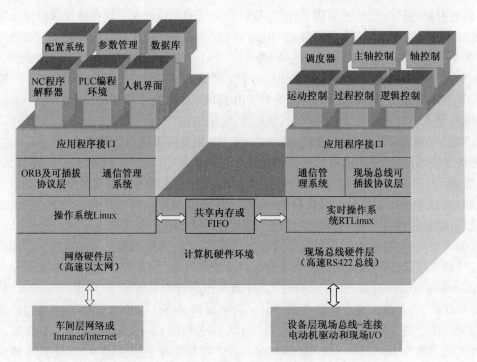

图 4.23 数控系统结构方案

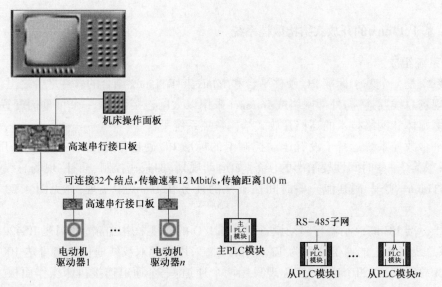

图 4.24 设备层现场总线网络拓扑结构图

控系统与车间网络或 Intranet/Internet 的互连,利用 TCP/IP 协议开放数控系统的内部数据,实现与生产管理系统和外部网络的高速双向数据交流。具有常规 DNC 功能(采用百兆网,其速率比传统速率为 112 Kbit/s 的 232 接口 DNC 快将近 1 000 倍)、生产数据和机床操作数据的管理功能、远程故障诊断和监视功能。

③系统除具有标准的并口、串口(RS232)、PS2(键盘、鼠标口)、USB 接口、以太网接口外,还配有高速现场总线接口(RS422)、PCMCIA IC Memory Card(Flash ATA)、红外无线接口(配

刀具检测传感器)。

④显示屏幕采用 12.1 寸 TFT-LCD。采用统一用户操作界面风格,通过水平和垂直两排共 18 个动态软按键满足不同加工工艺机床的操作要求,用户可通过配置工具对动态软按键进行定义。垂直软按键可根据水平软按键的功能选择而改变,垂直菜单可以多页。

⑤将多媒体技术应用于机床的操作、使用、培训和故障诊断,提高机床的易用性和可维护性,降低使用成本。多媒体技术提供使用操作帮助、在线教程、故障和机床维护向导。

⑥具有三维动态加工仿真功能;利用 OpenGL 技术提供三维加工仿真功能和加工过程刀具轨迹动态显示。

⑦具有 Nurbs 插补和自适应 Look ahead 功能,实现任意曲线、曲面的高速插补。输出电动机控制脉冲频率最高可达 4 MHz(采用直接数字合成 DDS IC 实现),当分辨率为 0.1 μm 时,快进速度可达 24 m,如有需要可输出更高的频率),适合于高速、高精度加工。

⑧伺服更新可达 500 μs(控制 6 轴,Pentium Ⅲ以上 CPU),PLC 扫描时间小于 2 ms。

⑨PLC 编程符合国际电工委员会 IEC-61131-3 规范,提供梯形图和语句表编程。

⑩采用高可靠性的工控单板机(SBC),加强软硬件可靠性措施,保证数控系统的平均无故障时间(MTBF)达到 20 000 小时;

⑪符合欧洲电磁兼容标准(Directive 89/336/EEC)4 级要求。

⑫数控系统本身的价格(不包括伺服驱动和电动机)可为现有同功能的普及型和高档数控系统的 1/2。

复习思考题

1. 简述 CNC 装置的组成原理,并解释各部分的作用。
2. CNC 装置分为哪几种类型? 每种类型有什么特点?
3. 简述数控装置中的接口的功能。常用的接口有哪几种?
4. 什么是数控系统的软硬件界面? 怎样划分软硬件界面?
5. CNC 软件系统有哪些特殊要求,系统中采用哪些技术来满足其特殊要求?
6. 简述 CNC 装置的工作过程。
7. 简述开放式数控系统的基本概念。

数控机床的位置检测装置

5.1 概　述

数控系统是一种位置控制系统,数控装置通过插补运算计算出下一插补周期刀具应该到达的位置,与检测装置检测刀具的实际位置进行比较,计算出偏差,利用偏差控制机床的驱动系统。随着计算机技术的不断发展,插补误差非常小,可以控制,所以数控机床的控制精度由数控机床的位置检测装置决定(这里的控制精度不同于数控机床的加工精度)。

5.1.1 数控机床对位置检测装置的要求

位置检测装置是数控机床的重要组成部分。在闭环、半闭环控制系统中,它的主要作用是检测位移和速度,并发出反馈信号,构成闭环或半闭环控制。

数控机床对位置检测装置的要求如下:①工作可靠,抗干扰能力强;②满足精度和速度的要求;③易于安装,维护方便,适应机床工作环境;④成本低。

5.1.2 数控机床位置检测装置的分类

对于不同类型的数控机床,因工作条件和检测要求不同,可以采用以下不同的检测方式。

1. 增量式和绝对式检测

增量式检测方式只测量位移增量,并用数字脉冲的个数来表示单位位移(即最小设定单位)的数量,每移动一个测量单位就发出一个测量信号。其优点是检测装置比较简单,任何一个对中点都可以作为测量起点。但在此系统中,移距是靠对测量信号累积后读出的,一旦累计有误,此后的测量结果将全错。另外,在发生故障时(如断电)不能再找到事故前的正确位置,事故排除后,必须将工作台移至起点重新计数才能找到事故前的正确位置。脉冲编码器、旋转变压器、感应同步器、光栅、磁栅、激光干涉仪等都是增量检测装置。

绝对式检测方式测出的是被测部件在某一绝对坐标系中的绝对坐标位置值,并且以二进制或十进制数码信号表示出来,一般都要转换成脉冲数字信号以后,才能送去进行比较和显示。采用此方式,分辨率要求愈高,结构也愈复杂。这样的测量装置有绝对式脉冲编码盘、三速式绝对编码盘(又称多圈式绝对编码盘)等。

2. 数字式和模拟式检测

数字式检测是将被测量单位量化以后以数字形式表示。测量信号一般为电脉冲,可以直接把它送到数控系统进行比较、处理。这样的检测装置有脉冲编码器、光栅。数字式检测的特点如下:①被测量转换成脉冲个数,便于显示和处理;②测量精度取决于测量单位,与量程基本无关,但存在累计误差;③检测装置比较简单,脉冲信号抗干扰能力强。

模拟式检测是将被测量用连续变量表示,如电压的幅值变化、相位变化等。在大量程内做精确的模拟式检测时,对技术有较高要求,数控机床中模拟式检测主要用于小量程测量。模拟式检测装置有旋转变压器、感应同步器和磁尺等。模拟式检测的主要特点有:①直接对被测量进行检测,无须量化。②在小量程内可实现高精度测量。

3. 直接检测和间接检测

位置检测装置安装在执行部件(即工作台)上直接测量执行部件的直线位移或角位移,都可以称为直接检测,可以构成闭环进给伺服系统,测量方式有直线光栅、直线感应同步器、磁栅、激光干涉仪等测量执行部件的直线位移;由于此种检测方式是采用直线型检测装置对机床的直线位移进行的测量。其优点是直接反映工作台的直线位移量;缺点是要求检测装置与行程等长,对大型的机床来说,这是一个很大的限制。

位置检测装置安装在执行部件前面的传动元件或驱动电动机轴上,测量其角位移,经过传动比变换以后才能得到执行部件的直线位移量,这样的称为间接检测,可以构成半闭环伺服进给系统。如将脉冲编码器装在驱动电动机轴上。间接检测使用可靠方便,无长度限制;其缺点是在检测信号中加入了直线转变为旋转运动的传动链误差,从而影响测量精度。一般需对机床的传动误差进行补偿,才能提高定位精度。

除了以上位置检测装置,伺服系统中往往还包括检测速度的元件,用以检测和调节电动机的转速。常用的测速元件是测速发动机。

5.2　脉冲编码器

脉冲编码器是一种旋转式角位移检测装置,能将机械转角变换成电脉冲。还可通过检测电脉冲的频率来检测转速,作为速度检测装置。脉冲编码器有增量式脉冲编码器和绝对式脉冲编码器两种。

5.2.1　增量式脉冲编码器

从信号转换的方式上分,增量式脉冲编码器有光电式、接触式、电磁式三种,从精度和可靠性来看,光电式较好,数控机床上主要使用的是光电式脉冲编码器。脉冲编码器的型号用脉冲数/转(p/r)进行区分,常用 2 000 p/r、2 500 p/r、3 000 p/r,现在有 100 000 p/r 以上的产品。用于角度检测,也可用于速度检测。通常它与电动机同轴连接做成一体,或安装在非轴伸端。脉冲编码器实体结构如图 5.1 所示。

图 5.1　脉冲编码器实体结构

1. 脉冲编码器的结构

光电式脉冲编码器的结构如图 5.2 所示。光电盘是用玻璃材料研磨抛光制成的,玻璃表面在真空中镀上一层不透光的铬,然后用照相腐蚀法在上面制成向心透光窄缝,窄缝彼此之间的距离称为节距。透光窄缝在圆周上等分,其数量从几百条到几千条不等。光栅板也用玻璃材料研磨抛光制成,其透光窄缝为两条,彼此错开 $m + \tau/4$ 节距,每一条后面安装有一只光电元件 A 和 B。光栅板固定在机座上,与光电盘平行并保持一定的间隙。

2. 脉冲编码器的工作原理

光电盘固定在转轴上,与工作轴连在一起,光电盘转动时,每转过一个缝隙就发生一次光线的明暗变化,光电元件把通过光电盘和光栅板射来的忽明忽暗的光信号转换为近似正弦波的电信号,经过整形、放大和微分处理后,输出脉冲信号。通过记录脉冲的数目,就可以测出转角。测出脉冲的变化率,即单位时间脉冲的数目,就可以求出速度。为了判断旋转方向,光栅板的两个窄缝距离彼此错开 1/4 节距,使两个光电元件输出信号相位差 90°。如图 5.3 所示,A、B 信号为具有 90° 相位差的正弦波,经放大和整形变为方波 A_1、B_1。设 A 相比 B 相超前时为正方向旋转,则 B 相超前 A 相就是负方向旋转,利用 A 相与 B 相的相位关系可以判别旋转方向。此外,在光电盘的里圈不透光圆环上还刻有一条透光条纹,用以产生每转一个的零位脉冲信号,它使轴旋转一周在固定位置上产生一个脉冲。

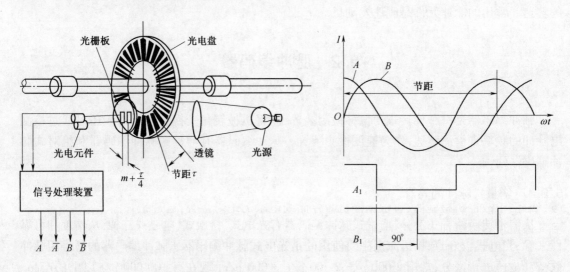

图 5.2　光电式脉冲编码器的结构　　　　图 5.3　A、B 光电元件输出信号

在数控机床上,光电脉冲编码器作为位置检测装置,用在数字比较伺服系统中,将位置检测信号反馈给 CNC 装置。图 5.4 所示为辨向环节框图,脉冲编码器输出的交变信号 A、$\overline{A}$、B、$\overline{B}$ 经过差分驱动,再经过整形放大电路变成两个方波系列 A_1、B_1。将 A_1 和它的反向信号 $\overline{A_1}$ 微分(上升沿微分)后得到 A_1' 和 $\overline{A_1'}$ 脉冲系列,作为加、减计数脉冲。B_1 路方波信号被用作加、减计数脉冲的控制信号,正走时(A 超前 B),由 Y_2 门输出加计数脉冲,此时 Y_1 门输出为低电平(见图 5.5);反走时(B 超前 A),由 Y_1 门输出减计数脉冲,此时 Y_2 门输出为低电平。这种读数方式每次反映的都是相对于上一次读数的增量,而不能反映转轴在空间的绝对位置,所以是增量读数法。

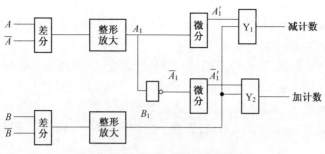

图 5.4 脉冲编码器辨向环节框图

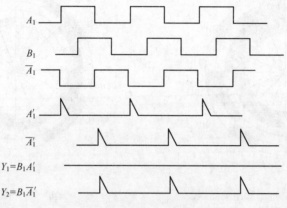

图 5.5 脉冲编码器输出波形图

5.2.2 绝对式脉冲编码器

绝对式脉冲编码器是绝对角度位置检测装置。输出信号是某种制式的数字信号,每个角度位置对应一个不同的数字,表示位移到达的绝对位置。要用出发点位置和终点位置的数字,经运算后才能求得位移量的大小。位移具有停电记忆功能,只要通电就能显示所在的绝对位置,因此,事故停机检验后,可根据停机时存储或记录的绝对位置,通过绝对位移指令,直接回到原停机位置继续加工。

绝对式脉冲编码器也有光电式、接触式、电磁式三种。常用的是光电式。结构组成与增量式脉冲编码器相似。旋转圆盘是编码盘,如图 5.6 所示。

码盘上有很多同心圆环(码位数),称为码道。整个圆盘周向又分成若干等份(编码数)的扇形区段,每一扇形区段的码道组成一个数码,透光的码道为"1",不透光的码道为"0",内码道为数码高位。所用数码可以是纯二进制,还有格雷循环码。在圆盘的同一半径方向的每个码道处安装一个光电元件,光源透过码盘,每个扇形区段内的光信号通过光电元件转换成数码脉冲信号。由图 5.6 可以看出,码道的圈数就是二进制的位数,且高位在内,低位在外。其分辨角 $\theta = \dfrac{360°}{16} = 22.5°$,若是 n 位二进制码盘,就有 n 圈码道,分辨角 $\theta = \dfrac{360°}{2^n}$。码盘位数越大,所能分辨的角度越小,测量精度越高。若要提高分辨率,就必须增多码道,即二进制位数增多。目前接触式码盘一般可以做到 9 位二进制,光电式码盘可以做到 18 位二进制。

纯二进制码的缺点:相邻两个二进制数可能有多个数位不同,当数码切换时有多个数位要进行切换,增加了误读概率。

图 5.7 所示为格雷码盘,其各码道的数码不同时改变,任何两个相邻数码间只有一位是变化的,每次只切换一位数,把误差控制在最小范围内。二进制码转换成格雷码的法则是:将二进制码右移一位并舍去末位的数码,再与二进制数码做不进位加法,结果即为格雷码。格雷码相邻两个二进制数码只有一个数位不同,只有一位切换,提高了读数可靠性。

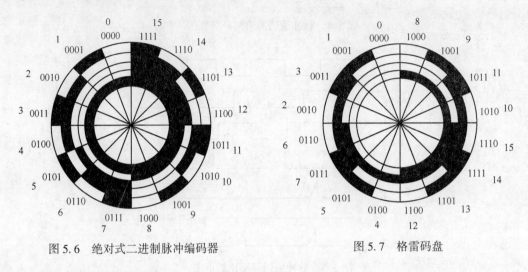

图 5.6　绝对式二进制脉冲编码器　　　　图 5.7　格雷码盘

5.3　光　　栅

光栅是一种最常见的测量装置,具有精度高、响应速度快等优点,是非接触式直接测量。光栅利用光学原理进行工作,按形状分为圆光栅和长光栅。圆光栅用于角位移的检测,长光栅用于直线位移的检测。光栅的检测精度较高,可达 1 μm,甚至更高。

5.3.1　光栅的结构

光栅是利用光的透射、衍射现象制成的光电检测元件,主要由光栅尺(包括长光栅和短光栅)和光栅读数头两部分组成,长光栅和短光栅上都有密度相同的许多刻线。通常,长光栅固定在机床的运动部件(如工作台或丝杠)上,光栅读数头安装在机床的固定部件(如机床底座)上,两者随着工作台的移动而相对移动。在光栅读数头中,安装着短光栅,当光栅读数头相对于长光栅移动时,短光栅便在长光栅上移动。当安装光栅时,要严格保证长光栅和短光栅的平行度以及两者之间的间隙(一般取 0.05 mm 或 0.1 mm)要求。

光栅尺是用真空镀膜的方法光刻上均匀密集线纹的透明玻璃片或长条形金属镜面。对于长光栅,这些线纹相互平行,各线纹之间的距离 λ 相等,称此距离为光栅距。当短光栅上的线纹与长光栅上的线纹成一小角度 θ 放置时,两光栅尺上线纹互相交叉。短光栅栅距和栅角是决定光栅光学性质的基本参数。常见的长光栅线纹密度为 25 条/mm、50 条/mm、100 条/mm、250 条/mm。同一个光栅元件,其长光栅和短光栅的线纹密度必须相同。

　　光栅读数头由光源、透镜、短光栅、光敏元件和驱动线路组成,如图 5.8 所示。读数头的光源一般采用白炽灯泡。白炽灯泡发出的辐射光线经过透镜后变成平行光束,照射在光栅上。光敏元件是一种将光强信号转换为电信号的光电转换元件,它接收透过光栅尺的光强信号,并将其转换成与之成比例的电压信号。由于光敏元件产生的电压信号一般比较微弱,在长距离传送时很容易被各种干扰信号所淹没、覆盖,造成传送失真。为了保证光敏元件输出的信号在传送中不失真,应首先将该电压信号进行功率和电压放大,然后再进行传送。驱动线路就是实现对光敏元件输出信号进行功率和电压放大的线路。

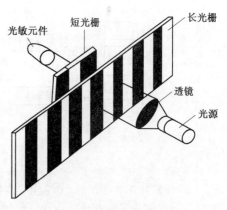

图 5.8　光栅读数头结构

5.3.2　光栅的工作原理

　　在光源的照射下,交叉点附近的小区域内黑线重叠,形成黑色条纹,其他部分为明亮条纹,这种明暗相间的条纹称为莫尔条纹,如图 5.9 所示。

　　莫尔条纹与光栅线纹几乎成垂直方向排列。或者说,是与两片光栅线纹夹角的平分线相垂直,用 $W(\text{mm})$ 表示莫尔条纹的宽度,则有

$$W = \frac{\lambda}{\sin\theta} \approx \frac{\lambda}{\theta} \qquad (5.1)$$

　　莫尔条纹的宽度 W 与角度 θ 成反比,θ 越小,放大倍数越大,这就是莫尔条纹的放大作用。莫尔条纹是由光栅的大量刻线共同组成,例如,200 条/mm 的光栅,10 mm 宽的光栅就由 2 000 条线纹组成,这样栅距之间的固有相邻误差就被平均化了,消除了栅距之间不均匀造成的误差。当光栅尺移动一个栅距 λ 时,莫尔条纹也刚好移动了一个条纹宽度 W。只要通过光电元件测出莫尔条纹

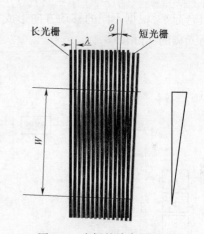

图 5.9　光栅的放大原理

的数目,就可知道光栅移动了多少个栅距,而栅距在制造光栅时是已知的,所以光栅的移动距离就可以通过光电检测系统对移过的莫尔条纹进行计数、处理后自动测量出来。若光栅移动方向相反,则莫尔条纹移动方向也相反。对于圆光栅,这些线纹是等栅距角的向心条纹。若直径为 70 mm,则一圆周内刻线为 100~768 条;若直径为 110 mm,则一圆周内刻线达 600~1 024 条,甚至更高。

5.3.3　光栅数字变换电路

　　光栅测量系统的组成示意图如图 5.10 所示。光栅移动时产生的莫尔条纹由光电元件接收,然后经过数字变换电路形成顺时针方向的正向脉冲或者逆时针方向的反向脉冲,输入可逆计数器。

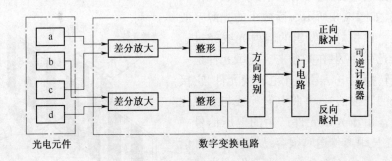

图 5.10 光栅测量系统的组成示意图

下面介绍这种 4 倍频细分电路的工作原理,如图 5.11 所示。图 5.11 中的 a、b、c、d 是四块硅光电池,产生的信号在相位上彼此相差 90°。a、c 信号是相位相差 180° 的两个信号,送入差分放大器放大,得到正弦信号。将信号幅度放到足够大。同理 b、d 信号送入另一个差分放大器放大,得到余弦信号。正弦、余弦信号经整形变成方波 A 和 B,A 和 B 信号经反相得到 C 和 D 信号,A、B、C、D 信号再经微分变成窄脉冲 A'、B'、C'、D',即在顺时针或逆时针每个方波的上升沿产生脉冲,如图 5.12 所示。由与门电路把 0°、90°、180°、270° 四个位置上产生的窄脉冲组合起来,根据不同的移动方向形成正向脉冲或反向脉冲,用可逆计数器进行计数,就可测量出光栅的实际位移。

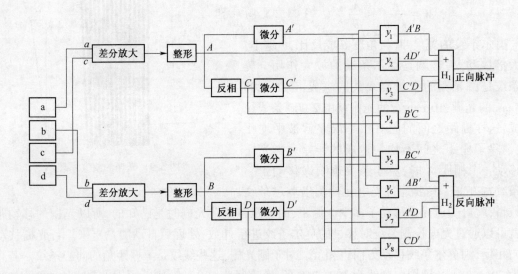

图 5.11 光栅测量系统 4 倍频组成示意图

在光栅位移-数字变换电路中,除上面介绍的 4 倍频电路以外,还有 10 倍频、20 倍频电路等,在此不做具体介绍。

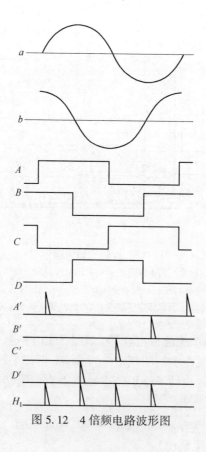

图 5.12　4 倍频电路波形图

5.4　旋转变压器

旋转变压器是输出电压信号与转子转角成一定函数关系的控制微电动机，旋转变压器是一种角位移测量装置，通过测量电动机或被测轴的转角来间接测量工作台的位移。

5.4.1　旋转变压器的结构

旋转变压器的工作原理与普通变压器基本相似，结构上是一种旋转式的小型交流电动机，它由定子和转子组成。其中，定子绕组作为变压器的一次[侧]，接受励磁电压；转子绕组作为变压器的二次[侧]，通过电磁耦合得到感应电压，只是其输出电压大小与转子位置有关。图 5.13 所示为一种无刷旋转变压器的结构，左边为旋转变压器本体，右边为附加变压器。附加变压器的作用是将旋转变压器本体转子绕组上的感应电动势传输出来，这样就省掉了电刷和滑环。旋转变压器本体定子绕组为旋转变压器的一次[侧]，旋转变压器本体转子绕组为旋转变压器的二次[侧]，励磁电压接到一次[侧]，励磁频率通常为 400 Hz、500 Hz、1 000 Hz、5 000 Hz。旋转变压器结构简单，动作灵敏，对环境无特殊要求，维护方便，输出信号的幅度大，抗干扰能力强，工作可靠，为数控机床经常使用的位移检测元件之一。

5.4.2　旋转变压器的工作原理

旋转变压器是根据电磁耦合原理工作的。当定子绕组上加交流励磁电压 $U_1 = U_m \sin \omega t$

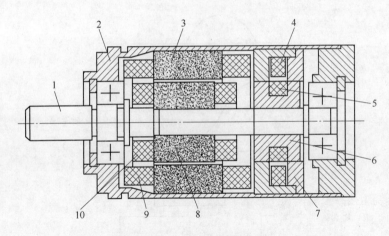

图 5.13 旋转变压器结构图

1—转子轴;2—外壳;3—旋转变压器本体定子;4—附加变压器定子绕组;5—附加变压器转子绕组;

6—附加变压器转子;7—附加变压器定子;8—旋转变压器本体转子;

9—旋转变压器本体定子绕组;10—旋转变压器本体转子绕组

时,通过电磁耦合在转子绕组产生感应电动势,如图 5.14 所示。转子绕组输出电压的大小取决于定子与转子两个绕组轴线在空间的相对位置角 θ。当转子转到使它的磁轴和定子绕组磁轴垂直时,转子绕组感应电压;当转子绕组的磁轴自垂直位置转过一定角度时,转子绕组中产生的感应电压为

$$U_2 = KU_1\sin\theta = KU_m\sin\omega t\sin\theta \qquad (5.2)$$

式中: K ——电压比(即绕组匝数比);

U_m ——励磁信号的幅值;

ω ——励磁信号角频率;

θ ——旋转变压器转角。

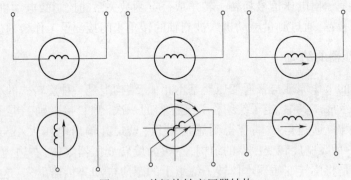

图 5.14 单极旋转变压器结构

当转子转到 0° 时,两磁轴平行,此时转子绕组中感应电压最大,即

$$U_2 = KU_m\sin\omega t \qquad (5.3)$$

当转子转过 90°,两磁轴垂直时,转子绕组中感应电压最小,即

$$U_2 = 0 \qquad (5.4)$$

实际使用时通常采用多极形式,如正余弦旋转变压器,其定子和转子均由两个匝数相等,轴线相互垂直的绕组构成,如图 5.15 所示。

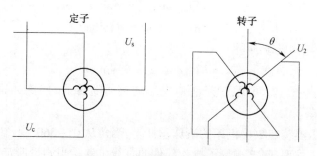

图 5.15　两极旋转变压器结构

一个转子绕组接高阻抗作为补偿,另一个转子绕组作为输出,应用叠加原理,转子输出电压为

$$U_2 = KU_s \sin\theta + KU_c \cos\theta \tag{5.5}$$

5.4.3　旋转变压器的应用

旋转变压器作为位置检测装置,有两种典型工作方式,鉴相式和鉴幅式。鉴相式是根据感应输出电压的相位来检测位移量的;鉴幅式是根据感应输出电压的幅值来检测位移量的。

1. 鉴相式

给定子两绕组分别通以幅值相同、频率相同、相位差 90°的交流励磁电压,即

$$\begin{aligned} U_s &= U_m \sin\omega t \\ U_c &= U_m \cos\omega t \end{aligned} \tag{5.6}$$

这两个励磁电压在转子绕组中都产生感应电压,根据线性叠加原理,转子中的感应电压应为这两个电压的代数和:

$$U_2 = KU_s \sin\theta + KU_c \cos\theta \tag{5.7}$$

把式(5.6)带入式(5.7),得

$$\begin{aligned} U_2 &= KU_m \sin\omega t \sin\theta + KU_m \cos\omega t \cos\theta \\ &= KU_m \cos(\omega t - \theta) \end{aligned} \tag{5.8}$$

假如,转子逆向转动,可得

$$U_2 = KU_m \cos(\omega t + \theta) \tag{5.9}$$

由式(5.8)和式(5.9)可见,转子输出电压的相位角和转子的偏转角之间有严格的对应关系,这样,只要检测出转子输出电压的相位角,就可知道转子的转角。由于旋转变压器的转子和被测轴连接在一起,所以,被测轴的角位移就知道了。

2. 鉴幅式

给定子两相绕组分别通以频率相同、相位相同而幅值分别按正弦、余弦规律变化的交变电压,即

$$\begin{aligned} U_s &= U_m \sin\alpha \sin\omega t \\ U_c &= U_m \cos\alpha \sin\omega t \end{aligned} \tag{5.10}$$

式中:　　　　　　α ——励磁绕组中的电气角;

$U_m \sin\alpha$、$U_m \cos\alpha$ ——定子两绕组励磁信号的幅值。

则转子上的叠加电压为

$$U_2 = KU_s \sin\theta + KU_c \cos\theta$$

$$= KU_{\mathrm{m}}\sin\omega t(\sin\alpha\sin\theta + \cos\alpha\cos\theta)$$
$$= KU_{\mathrm{m}}\cos(\alpha - \theta)\sin\omega t \tag{5.11}$$

同理,如果转子逆向转动,可得

$$U_2 = KU_{\mathrm{m}}\cos(\alpha + \theta)\sin\omega t \tag{5.12}$$

由式(5.11)和式(5.12)可见,转子感应电压的幅值随转子的偏转角而变化,测量出幅值即可求得转角。

如果将旋转变压器装在数控机床的滚珠丝杠上,当角从 0°~360°变化时,丝杠上的螺母带动工作台移动了一个导程,间接测量了执行部件的直线位移。当测量所走过的行程时,可加一个计数器,累计所转的转数,折算成位移总长度。

普通旋转变压器测量精度较低,一般用于精度要求不高或大型数控机床的粗测或中测系统中。为提高精度,近年来常采用多极式旋转变压器,即增加定子(转子)的磁极对数,使电气转角为机械转角的倍数,从而提高测量精度。

5.5　激光干涉仪

激光干涉测量系统应用非常广泛:精密长度、角度的测量(如线纹尺、光栅、量块、精密丝杠的检测);精密仪器中的定位检测系统(如精密机械的控制、校正);大规模集成电路专用设备和检测仪器中的定位检测系统;微小尺寸的测量等。

5.5.1　激光干涉仪的工作原理

在大多数激光干涉测长系统中,都采用了迈克尔逊干涉仪或类似的光路结构。

激光干涉仪是以激光波长为已知长度、利用迈克尔逊干涉系统测量位移的通用长度测量工具。激光干涉仪有单频和双频两种。单频激光干涉仪是在 20 世纪 60 年代中期出现的,最初用于检定基准线纹尺,后又用于在计量室中精密测长。双频激光干涉仪是 1970 年出现的,它适宜在车间中使用。

图 5.16 所示为激光干涉仪的工作原理图。

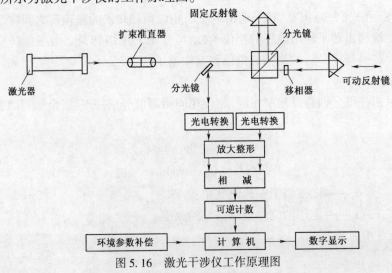

图 5.16　激光干涉仪工作原理图

从激光器发出的光束,经扩束准直器后由分光镜分为两路,并分别从固定反射镜和可动反射镜反射回来会合在分光镜上而产生干涉条纹。当可动反射镜移动时,干涉条纹的光强变化由接收器中的光电转换元件和电子线路等转换为电脉冲信号,经整形、放大后输入可逆计数器计算出总脉冲数,再由计算机按式(5.13)计算出可动反射镜的位移量(L)。使用单频激光干涉仪时,要求周围大气处于稳定状态,各种空气湍流都会引起直流电平变化而影响测量结果。

$$L = \frac{1}{2}\lambda \cdot N \tag{5.13}$$

式中:λ——激光波长;

　　N——电脉冲总数。

5.5.2　激光干涉仪检测机床

数控机床的定位精度包括线性位移误差、直线度误差、垂直度误差、角偏和刚性误差,这些误差决定了数控机床的精度性能。对于现代的数控机床,在假设误差是可重复的并可以测量的情况下,通过软件补偿可以大大提高机床的精度性能。该方法的性能价格比较高,是提高机床精度的一个较好的方法。图 5.17 所示为激光干涉仪检测机床。

当机床低速运动时,计算机通过误差测量接口按一定的位移间距对激光干涉仪测出的误差数据采样处理,并发出相应的补偿信号;通过误差补偿接口将误差传给数控机床的 CNC 系统,由数控机床完成相应的补偿。这样每到一个补偿点,计算机便发出一次补偿信号,由数控机床进行一次补偿,直到行程终点。

但是,上述逐点误差补偿一般只适用于低速运动的情况,当机床处于高速运动时,由于系统响应速度跟不上机床的运动,使误差补偿系统不稳定,以至于不能正常工作。根据机床高速运动时一般不进行加工这一特点,当机床从低速变为高速运动时,通过软件补偿系统脱离补偿状

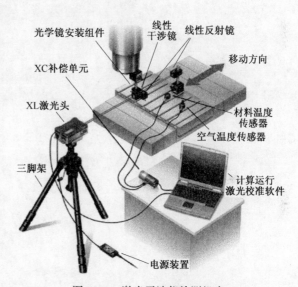

图 5.17　激光干涉仪检测机床

态,即在高速运动期间不进行误差补偿;机床回到低速运动时,计算机算出高速运动期间机床移过的位移而不进行数据采样,待系统恢复低速运动时再进行逐点补偿。

用激光干涉原理来检测和补偿数控机床的定位误差是一种较为实用的方法,可以明显提高数控机床的定位精度,使其工作于最佳精度状态,从而确保数控机床的加工质量。

复习思考题

1. 数控机床对位置检测装置的要求有哪些?

2. 位置检测装置可按哪些方式分类?

3. 位置检测装置在数控机床控制中起什么作用?

4. 试述光电式增量脉冲编码器的工作原理。

5. 试述光栅检测装置的工作原理。

6. 光栅位移-数字变换电路包括哪些环节?

7. 在卧式数控加工中心上,用光栅检测装置测量工作台的位移,若采用 100 线/mm 的光栅和十倍频电路配合,可达到多高的分辨率?

8. 若光栅刻线密度为 50 线/mm,两块光栅线纹夹角为 1.14,则莫尔条纹宽度为多少?

数控机床的伺服驱动系统

6.1 概　述

数控机床伺服驱动系统是指以机床移动部件(如工作台、动力头等,本书仅以工作台为例)的位置和速度作为控制量的自动控制系统,又称拖动系统。在数控机床上,伺服驱动系统接收来自插补装置或插补软件生成的进给脉冲指令,经过一定的信号变换及电压、功率放大,将其转化为机床工作台相对于切削刀具的运动。

6.1.1 数控机床伺服驱动系统的性能

数控机床的伺服驱动系统作为一种实现切削刀具与工件间运动的进给驱动和执行机构,是数控机床的一个重要组成部分,它在很大程度上决定了数控机床的性能,如数控机床的最高移动速度、跟踪精度、定位精度等一系列重要指标取决于伺服驱动系统性能的优劣。因此,随着数控机床的发展,研究和开发高性能的伺服驱动系统,一直是现代数控机床研究的关键技术之一。对数控机床伺服驱动系统的主要性能要求有下列几点:

1. 位移精度高

伺服系统的位移精度是指令脉冲要求机床工作台进给的位移量和该指令脉冲经伺服系统转化为工作台实际位移量之间的符合程度,两者误差愈小,伺服系统的位移精度愈高。目前,高精度的数控机床伺服系统位移精度可达到在全程范围内±5 μm。通常,插补器或计算机的插补软件每发出一个进给脉冲指令,伺服系统将其转化为一个相应的机床工作台位移量,一般称此位移量为机床的脉冲当量。一般机床的脉冲当量为 0.01~0.005 mm,高精度的 CNC机床其脉冲当量可达 0.001 mm。脉冲当量越小,机床的位移精度越高。

2. 稳定性好

稳定性是指系统在给定外界干扰作用下,能在短暂的调节过程后,达到新的或者恢复到原来平衡状态的能力。要求伺服系统具有较强的抗干扰能力,保证进给速度均匀、平稳。稳定性直接影响数控加工精度和表面粗糙度。

3. 快速响应

快速响应是伺服系统动态品质的重要指标,它反映了系统跟踪精度。机床进给伺服系统实际上就是一种高精度的位置随动系统,为保证轮廓切削形状精度和低的表面粗糙度,要求伺服系统跟踪指令信号的响应要快,跟随误差小。

4. 调速范围宽

调速范围是指生产机械要求电动机能提供的最高转速和最低转速之比。在数控机床中,由于所用刀具、加工材料及零件加工要求的不同,为保证在各种情况下都能得到最佳切削条

件,就要求伺服系统具有足够宽的调速范围。不仅要满足低速切削进给的要求,如5 mm/min,
还要能满足高速进给的要求,如10 000 mm/min。

6.1.2 数控机床伺服驱动系统的组成

数控机床的伺服驱动系统按其控制原理和有无位置反馈装置分为开环和闭环伺服系统;
按其用途和功能分为进给驱动系统和主轴驱动系统;按其驱动执行元件的动作原理分为电液
伺服驱动系统和电气伺服驱动系统,电气伺服驱动系统又分为直流伺服驱动系统、交流伺服驱
动系统及直线电动机伺服系统。本节重点介绍按其控制原理和有无位置反馈装置分成的开环
和闭环伺服系统。

数控机床伺服驱动系统主要包括伺服电动机、驱动信号控制转换电路、电子电力驱动放大
模块、位置调节单元、速度调节单元、电流调节单元、检测装置,如图 6.1 所示。一般闭环系统
为三环结构:位置环、速度环、电流环。位置环、速度环和电流环均由调节控制模块、检测和反
馈部分组成。电力电子驱动装置由驱动信号产生电路和功率放大器组成。严格来说:位置控
制包括位置、速度和电流控制;速度控制包括速度和电流控制。

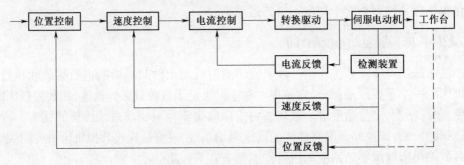

图 6.1 伺服驱动系统的组成

1. 开环伺服系统

采用步进电动机驱动的开环伺服系统如图 6.2 所示。开环伺服系统是指不带位置反馈装
置的控制方式,信号流是单向的,数控装置通过插补计算得出的位置指令信号单向发送给进给
系统,故系统稳定性好。开环伺服驱动系统中,数控装置根据所要求的运动速度和位移量,向
环形分配器和功率放大电路输出一定频率和数量的脉冲,不断改变步进电动机各相绕组的供
电状态,使相应坐标轴的步进电动机转过相应的角位移,再经过传动机构,实现运动部件的直
线移动或转动。运动部件的速度与位移量由输入脉冲的频率和脉冲数决定。开环控制系统具
有结构简单、调试维修方便和价格低廉等优点;缺点是精度较低,通常输出扭矩值的大小受到
限制,而且当输入较高的脉冲频率时,容易产生失步,难以实现运动部件的快速控制。一般开
环控制系统适用于中、小型及经济型数控机床,以及普通机床的数控化改造。近年来,随着高
精度步进电动机特别是混合式步进电动机的应用,以及 PWM 技术及微步驱动、超微步驱动技
术的发展,步进伺服系统的高频失步与低频振荡得到极大的改善,开环控制数控机床的精度和
性能也大为提高。

2. 闭环伺服系统

闭环伺服系统结构如图 6.3 所示,它带有直线位置检测装置(如长光栅),可直接对工作
台(或溜板)的实际位移量进行检测。加工过程中,将速度反馈信号送到速度控制电路,将工
作台(或溜板)的实际位移量反馈给位置比较电路,与数控装置发出的位置指令信号进行比

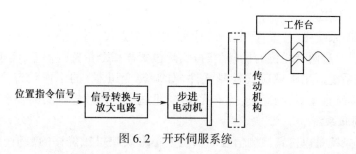

图 6.2 开环伺服系统

较,用比较后的偏差信号作为控制量去控制工作台(或溜板)的运动,直到偏差等于零为止。常用的伺服驱动元件为直流或交流伺服电动机。闭环控制可以消除包括工作台(或溜板)传动链在内的传动误差,因而定位精度高、调节速度快。但由于机床工作台(或溜板)惯量大,对系统的稳定性会带来不利影响,使系统的调试、维修困难,且控制系统复杂、成本高,故一般应用在高精度数控机床上。

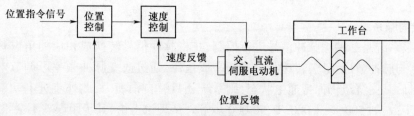

图 6.3 闭环控制系统

3. 半闭环数控系统

半闭环数控系统的位置采样信号如图 6.4 所示,一般是从交、直流伺服电动机或丝杠引出,采用角位移检测装置(常用脉冲编码器)进行检测,通过测量电动机转角或丝杠转角推算出工作台的位移量,并将此信号与位置指令信号进行比较,用两者的偏差信号进行控制。这种控制方式排除了稳定性差的机床工作台部分,使整个系统的稳定性得以保证,目前已普遍将脉冲编码器与伺服电动机做成一个部件,使系统结构简单、调试和维护也易于掌握。半闭环控制数控机床的性能介于开环和闭环控制数控机床之间,即精度比开环高,比闭环低,调试比闭环方便,因而得到广泛应用。

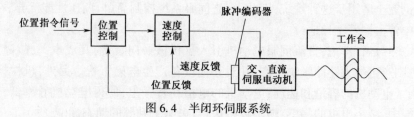

图 6.4 半闭环伺服系统

6.1.3 闭环伺服系统的反馈比较控制方式

闭环伺服系统按反馈比较控制方式的不同,闭环、半闭环伺服系统又可分为以下几种:

1. 数字脉冲比较伺服系统

数字脉冲比较伺服系统是将数控装置发出的数字(或脉冲)指令信号与检测装置测得的以数字(或脉冲)形式表示的反馈信号直接进行比较,获得位置偏差,实现控制。数字脉冲比较伺服系统结构简单,容易实现,工作稳定,在一般数控伺服系统中应用十分普遍。

2. 鉴相式伺服系统

在鉴相式伺服系统中,位置检测装置采用相位工作方式,指令信号与反馈信号都变成某个载波的相位,然后通过两者相位的比较,获得实际位置与指令位置的偏差,实现闭环、半闭环控制。鉴相式伺服系统适用于感应式检测元件(如旋转变压器)的工作状态,可得到满意的精度。此外,由于载波频率高,响应快,抗干扰性强,更适用于连续控制的伺服系统。

3. 鉴幅式伺服系统

鉴幅式伺服系统是以位置检测信号的幅值大小来反映机械位移的数值,并以此信号作为位置反馈信号,一般还要将此幅值信号转换成数字信号才与指令数字信号进行比较,从而获得位置偏差信号构成闭环、半闭环控制系统。

6.1.4 伺服系统按执行元件的类别分类

伺服系统按执行元件的类别可以分为步进伺服系统、直流伺服系统、交流伺服系统和直线伺服系统。

1. 步进伺服系统

步进伺服系统是一种用脉冲信号进行控制,并将脉冲信号转换成相应的角位移的控制系统,其角位移与脉冲数成正比,转速与脉冲频率成正比,通过改变脉冲频率可调节电动机的转速;如果停机后某些绕组仍保持通电状态,则系统还具有自锁能力;此外步进电动机每转一周都有固定的步数,如500步、1 000步、50 000步等。从理论上讲,其步距误差不会累计。

步进伺服系统结构简单,符合系统数字化发展需要,但精度差、能耗高、速度低,且其功率越大,移动速度越慢,特别是步进伺服系统易于失步,故主要用于速度与精度要求不高的经济型数控机床及旧设备改造中。但近年发展起来的PWM驱动、微步驱动、超微步驱动和混合伺服技术,使得步进电动机的高、低频特性得到了很大提高,特别是随着智能超微步驱动技术的发展,步进伺服系统的性能将提高到一个新的水平。

2. 直流伺服系统

直流伺服系统的工作原理是建立在电磁力定律基础上的,与电磁转矩相关的是互相独立的两个变量主磁通与电枢电流,它们分别控制励磁电流与电枢电流,可方便地进行转矩与转速控制。另一方面从控制角度看,直流伺服系统的控制是一个单输入单输出的单变量控制系统,经典控制理论完全适用于这种系统,因此,直流伺服系统控制简单,调速性能优异,在数控机床的进给驱动中曾占据着主导地位。

然而,从实际运行考虑,直流伺服电动机引入了机械换向装置,其成本高,故障多,维护困难,经常因电刷产生的火花而影响生产,并对其他设备产生电磁干扰。另外,机械换向器的换向能力,限制了电动机的容量和速度;电动机的电枢在转子上,使得电动机效率低,散热差;为了改善换向能力,减小电枢的漏感,转子变得短粗,影响了系统的动态性能。

3. 交流伺服系统

针对直流电动机的缺陷,如果将其做"里翻外"的处理,即把电枢绕组装在定子上,转子为永磁部分,由转子轴上的编码器测出磁极位置,就构成了永磁无刷电动机,同时随着矢量控制方法的实用化,使交流伺服系统具有良好的伺服特性,其宽调速范围、高稳速精度、快速动态响应及四象限运行等良好的技术性能,使其动、静态特性可完全与直流伺服系统相媲美,同时可实现弱磁高速控制,拓宽了系统的调速范围,适应了高性能伺服驱动的要求。

目前,数控机床进给伺服系统主要采用永磁同步交流伺服系统,有以下三种类型:模拟形式、数字形式和软件形式。模拟伺服用途单一,只接收模拟信号;数字伺服可实现一机多用,如做速度、力矩、位置控制,可接收模拟指令和脉冲指令,各种参数均以数字方式设定,稳定性好,具有较丰富的自诊断、报警功能;软件伺服是基于微处理器的全数字伺服系统,它将各种控制方式和不同规格、功率的伺服电动机的监控程序以软件实现,使用时可由用户设定代码与相关的数据自动进入工作状态,配有数字接口,改变工作方式、更换电动机规格时,只需重设代码即可,故又称万能伺服。

交流伺服系统已占据了机床进给伺服系统的主导地位,并随着新技术的发展而不断完善,具体体现在以下三个方面:一是系统功率驱动装置中的电力电子器件不断向高频化方向发展,智能化功率模块得到普及与应用;二是基于微处理器嵌入式平台技术的成熟,将促进先进控制算法的应用;三是网络化制造模式的推广及现场总线技术的成熟,将使基于网络的伺服控制成为可能。

4. 直线伺服系统

直线伺服系统采用的是一种直接驱动方式(Direct Drive),是高速度、高精度数控机床的理想驱动模式,与传统的旋转传动方式相比,最大特点是取消了电动机到工作台间的一切机械中间传动环节,即把机床进给传动链的长度缩短为零。这种"零传动"方式,带来了旋转驱动方式无法达到的性能指标,如加速度可达 3 g 以上,为传统驱动装置的 10~20 倍,进给速度是传统的 4~5 倍,因此直线伺服受到机床厂家的重视,技术发展迅速。在 2001 年欧洲机床展上,有几十家公司展出直线电动机驱动的高速机床,其中尤以德国 DMG 公司与日本 MAZAK 公司最具代表性。2000 年,DMG 公司已有 28 种机型采用直线电动机驱动,年产 1 500 多台,约占总产量的 1/3。而 MAZAK 公司也推出基于直线伺服系统的超音速加工中心,主轴最高转速为 80 000 r/min,快速移动速度为 500 m/min,加速度 6 g。所有这些,都预示着以直线电动机驱动为代表的第二代高速机床,将取代以高速滚珠丝杠驱动为代表的第一代高速机床,并在使用中逐步占据主导地位。

从电动机的工作原理来讲,直线电动机有直流、交流、步进、永磁、电磁、同步和异步等多种方式;而从结构来讲,又有动圈式、动铁式、平板型和圆筒型等形式。目前应用到数控机床上的主要有高精度、高频率响应、小行程直线电动机和高精度、大推力、长行程直线电动机两类。

此外,按驱动方式分类,可将伺服系统分为液压伺服驱动系统、电气伺服驱动系统和气压伺服驱动系统;按控制信号分类,可将伺服系统分为数字伺服系统、模拟伺服系统和数字模拟混合伺服系统等。

进给伺服系统作为数控机床的重要功能部件,其特性一直是影响系统加工性能的重要指标,围绕进给伺服系统动、静态特性的提高,近年来发展了多种伺服驱动技术。伺服驱动元件(伺服电动机)为数控伺服系统的重要组成部分,是速度和轨迹控制的执行元件,伺服系统的设计、调试与选用的电动机及其特性有密切关系,直接影响伺服系统的静、动态品质。在数控机床中常用的驱动元件有直流伺服电动机、交流伺服电动机、步进电动机和直线电动机等。直流伺服电动机具有良好的调速性能,在 20 世纪 70~80 年代的数控系统中得到了广泛应用;交流伺服电动机由于结构和控制原理的发展,性能大大提高,从 20 世纪 80 年代末开始逐渐取代直流伺服电动机,是目前主要使用的电动机;步进电动机应用在轻载、负荷变动不大以及经济型数控系统中;直线电动机是一种很有发展前途的特种电动机,主要应用在高速、高精度的进给伺服系统中,可以预见随着超高速切削、超精密加工、网络制造等先进制造技术的发展,具有网络接口的全数字伺服系统、直线电动机等将成为数控机床行业的关注热点,并成为进给伺服系统的发展方向。

6.2　开环伺服系统

开环伺服系统是指不带位置反馈装置的控制方式,信号流是单向的,数控装置通过插补计算得出的位置指令信号单向发送给进给系统,故系统稳定性好。开环伺服系统中采用的是功率步进电动机。数控装置根据所要求的运动速度和位移量,向环形分配器和功率放大电路输出一定频率和数量的脉冲,不断改变步进电动机各相绕组的供电状态,使相应坐标轴的步进电动机转过相应的角位移,再经过传动机构,实现运动部件的直线移动或转动。

6.2.1　驱动元件

开环伺服系统采用的驱动元件是步进电动机,该电动机是一种将电脉冲信号转换成机械角位移的电磁机械装置。步进电动机是一种特殊的电动机,它跟随输入脉冲按节拍一步一步地转动。每输入一个电脉冲信号,步进电动机就旋转一个固定的角度,称为一步,每一步所转过的角度称为步距角。步进电动机的角位移量和输入脉冲的个数成正比,在时间上与输入脉冲同步,因此,只需控制输入脉冲的数量、频率及电动机绕组通电相序,便可获得所需的转角、转速及旋转方向。无脉冲输入时,在绕组电源激励下,气隙磁场能使转子保持原有位置而处于定位状态。

1. 步进电动机的分类、结构及特点

(1)步进电动机的分类

步进电动机的种类繁多,有旋转运动的、直线运动的和平面运动的。按作用原理分,步进电动机有反应式(磁阻式)、感应式、永磁式和混合式四大类。按输出功率和使用场合分类,分为功率步进电动机和控制步进电动机。按定子数目可分为单段定子式(径向式)与多段定子式(轴向式)。按相数可分为两相、三相、四相、五相、六相等。图6.5所示为步进电动机实物图。

(2)步进电动机的结构及特点

步进电动机都有定子和转子,但因类型不同,结构也不完全一样。

反应式步进电动机的结构如图6.6所示,它由定子铁芯、定子绕组和转子组成。定子上有

图6.5　步进电动机实物图

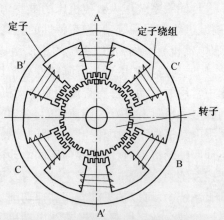

图6.6　反应式步进电动机的结构

六个磁极,每个定子磁极上均匀分布一定数目的齿,齿距相等,每个磁极上绕有励磁绕组,每相对的两个磁极组成一相,分成 A、B、C 三相,三相绕组的末端接成一个点。转子无绕组,只均布一定数目的齿,齿槽等宽,它是由带齿的铁芯做成的。

2. 步进电动机的工作原理、主要参数及特性

(1)步进电动机的工作原理

步进电动机是按电磁吸引的原理进行工作的。当定子绕组按顺序轮流通电时,A、B、C 三对磁极就依次产生磁场,并每次对转子的某一对齿产生电磁引力,将其吸引过来,而使转子一步步转动。每当转子某一对齿的中心线与定子磁极中心线对齐时,磁阻最小,转矩为零。如果控制电路不停地按一定方向切换定子绕组各相电流,转子便按一定方向不停地转动。步进电动机每次转过的角度称为步距角。

图 6.7 所示为反应式三相步进电动机的工作原理图。假设转子上有四个齿,相邻两齿间夹角(齿距角)为 90°。当 A 相通电,B 相和 C 相都不通电时,转子 1、3 齿被磁极 A 产生的电磁引力吸引过去,使 1、3 齿与 A 相磁极对齐,由于磁通总是沿着磁阻最小的路径通过的,使转子的 1、3 齿与定子 A 相的两个磁极齿对齐。此时,因转子只受到径向力而无切向力,转矩为零,所以转子被锁定在该位置上。接着 B 相通电,A 相断电,磁极 B 又把距它最近的一对齿 2、4 吸引过来,使转子按顺时针方向转动 30°。然后 C 相通电、B 相断电,转子又顺时针旋转 30°,依此类推,定子按 A→B→C→A 顺序通电,转子就一步步地按顺时针方向转动,每步转 30°。若改变通电顺序,按 A→C→B→A 使定子绕组通电,步进电动机就按逆时针方向转动,同样每步转 30°。这种控制方式称为三相单三拍方式,“单”是指每次只有一相绕组通电,“三拍”是指每三次换接为一个循环。由于每次只有一相绕组通电,在切换瞬间将失去自锁转矩,容易失步,另外,只有一相绕组通电,易在平衡位置附近产生振荡,稳定性不佳,故实际应用中不采用单三拍工作方式。

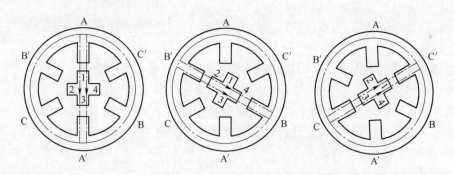

图 6.7　反应式三相步进电动机的工作原理图

实际应用中常用的通电方式有三相六拍。三相六拍通电方式的通电顺序是:顺时针为 A → AB → B → BC → C → CA → A …;逆时针为 A → AC → C→ CB → B → BA →A…。三相双三拍通电方式的通电顺序是:顺时针为 AB →BC→CA → AB …;逆时针为 AC →CB → BA →AC…。

若以三相六拍通电方式工作,A 相通电,接着 A 和 B 同时通电,转子同时受到 A 相绕组产生的磁场和 B 相绕组产生的磁场的共同吸引,转子将停在 A 和 B 两相磁极之间,这时它每步转 15°。当由 A 和 B 两相同时通电转为 B 相通电时,转子磁极再沿顺时针旋转 15°,与 B 相磁极对齐。其余依此类推。采用三相六拍通电方式,可使每步缩小一半。

（2）主要参数及特性

步进电动机主要评价参数有步距角、启动频率、连续运行频率、矩频特性、加减速特性等。

①步距角。步进电动机的步距角 α 是步进电动机绕组的通电状态每改变一次,转子转过的角度,它反映了步进电动机的分辨能力,是决定步进式伺服系统脉冲当量的重要参数。步距角 α 一般由定子相数、转子齿数和通电方式决定,即

$$\alpha = \frac{360°}{mzk} \tag{6.1}$$

式中: m ——步进电动机定子相数;

z ——步进电动机转子齿数;

k ——通电方式,相邻两次通电的相数一样,则 $k=1$;反之单双相轮流通电, $k=2$ 。

步进电动机的步距角是决定步进伺服系统脉冲当量的重要参数。数控机床中常见的反应式步进电动机的步距角一般为 0.375°、0.5°、0.75°、0.9°、1°、1°15′、1.5°、1.8°、2°15′、3°等数十种。步距角越小,数控机床的控制精度越高。

②启动频率 f_q 。空载时,步进电动机由静止状态突然启动,不丢步地进入正常运行状态的最高频率,称为启动频率 f_q 。加到步进电动机的指令脉冲频率如果大于启动频率,就不能正常工作。步进电动机的启动频率与机械系统的惯量有关系,随着负载加大,启动频率会进一步降低。

③连续运行频率 f_{max} 。步进电动机启动以后,其运行速度能跟踪指令脉冲频率连续上升而不丢步的最高工作频率称为连续运行频率 f_{max} 。连续运行频率远大于启动频率,且随着电动机所带负载的性质、大小而异,也与驱动电源有较大关系。

④矩频特性。步进电动机的矩频特性描述的是步进电动机连续稳定运行时输出转矩与频率的关系。每个频率对应的转矩称为动态转矩,一般情况下,随着运行频率的增高,输出力矩下降,到某一频率后,步进电动机的输出力矩已变得很小,带不动负载或受到一个很小的干扰,步进电动机就会产生振荡、失步或停转。因此,动态转矩的大小直接影响步进电动机的动态性能及带负载的能力。

⑤加减速特性。步进电动机的加减速特性是描述步进电动机由静止到工作频率和由工作频率到静止的加减速过程中,定子绕组通电状态的变化频率与时间的关系。当要求步进电动机启动到大于突跳频率的工作频率时,变化速度必须逐渐上升;同样,从最高工作频率或高于突跳频率的工作频率到停止时,变化速度必须逐渐下降。逐渐上升和逐渐下降的加、减速时间不能过小,否则会产生失步或起步。

3. 步进电动机的选用

合理选用步进电动机相当重要,通常希望步进电动机的输出转矩大,启动频率和运行频率高,步距误差小,性能价格比高。但是增大转矩与快速运行存在一定矛盾,高性能与低成本存在矛盾,因此实际选用时,必须全面考虑。

首先,应考虑系统的精度和速度的要求。为了提高精度,希望脉冲当量小,但是脉冲当量越小,系统的运行速度越低,故应兼顾精度与速度的要求来选定系统的脉冲当量,在脉冲当量确定以后,就可以此为依据来选择步进电动机的步距角和传动机构的传动比。图 6.8 所示为开环系统的传动计算。

为了凑脉冲当量 δ ,也为了增大传递的扭矩,在步进电动机与丝杠之间,要增加一对齿轮传动副,那么,传动比 $i=Z_1/Z_2$ 与 α 、 δ 、 t 之间有如下关系:

$$i = \frac{Z_1}{Z_2} = \frac{360}{\alpha t}\delta \qquad (6.2)$$

步进电动机的步距角从理论上说是
固定的,但实际上还是有误差的;另外,
负载转矩也将引起步进电动机的定位误
差。应将步进电动机的步距误差、负载
引起的定位误差和传动机构的误差全部
考虑在内,使总的误差小于数控机床允
许的定位误差。

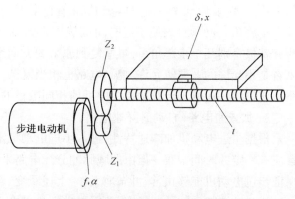

6.2.2　开环驱动装置

步进电动机由于采用脉冲方式工
作,且各相需按一定规律分配脉冲,因
此,在步进电动机控制系统中,需要脉冲
分配逻辑和脉冲产生逻辑;步进电动机

图 6.8　开环系统的传动计算

f—步进电动机接受的脉冲频率(Hz);α—步进电动机步距角(°);

Z_1、Z_2—传动齿轮齿数;

t—丝杠螺距(mm);δ—工作台的脉冲当量(mm);

x—工作台的位移(mm)

要求控制驱动系统必须有足够的驱动功率,所以还要求有功率驱动部分;为了保证步进电动机
不失步地启停,要求控制系统具有升降速控制环节。因此一个较完善的步进电动机驱动控制
系统由脉冲混合电路、加减脉冲分配电路、加减速电路、环形分配器和功率放大器组成,如图
6.9 所示,其中脉冲混合电路、加减脉冲分配电路、加减速电路和环形分配器可用硬件线路来
实现,也可用软件来实现。

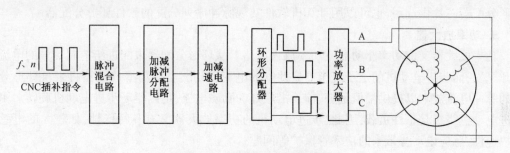

图 6.9　开环驱动装置结构图

1. 脉冲混合电路

无论是来自于数控系统的插补信号,还是各种类型的误差补偿信号、手动进给信号及手动
回原点信号等,它们的目的无非是使工作台做正向进给或负向进给。通过脉冲混合电路可将
上述信号混合为使工作台正向进给的"正向进给"信号或使工作台负向进结的"负向进给"
信号。

2. 加减脉冲分配电路

当机床在正向进给脉冲的控制下正在沿正方向进给时,由于各种补偿脉冲的存在,可能还
会出现极个别的负向进给脉冲;同样,当机床在负向进给脉冲的控制下正在沿负方向进给时,
还可能会出现极个别的正向进给脉冲。

在实际的机床进给控制中,这些与某个进给方向相反的个别脉冲指令的出现,意味着步进
电动机正在沿着一个方向旋转时,再向相反的方向旋转极个别几个步距角。根据步进电动机

的工作原理,要做到这一点(即电动机正在沿着某个方向旋转时,再向相反的方向旋转极个别几个步距角),必须首先使步进电动机从该旋转方向静止下来,然后才能向相反的方向旋转,待旋转极个别几个步距角后,再恢复到原来的方向继续旋转进给。这从机械加工工艺性方面来看是不允许的。即使允许,控制电路也相当复杂。一般采用的方法是,通过加减脉冲分配电路从该进给方向的进给脉冲指令中抵消相同数量的相反方向补偿脉冲。

3. 加减速电路(自动升降速电路)

根据步进电动机加减速特性,进入步进电动机定子绕组的电平信号的频率变化要平滑,而且应有一定的时间常数。但由加减脉冲分配电路来的进给脉冲频率的变化是有跃变的。为了保证步进电动机能够正常、可靠地工作,上述跃变频率必须首先进行缓冲,使之变成符合步进电动机加减速特性的脉冲频率,然后再送入步进电动机的定子绕组。加减速电路就是为此而设置的。经过该电路后,输出脉冲的个数与输入的进给脉冲的个数相等,以保证电动机不会失步。

4. 环形分配器

环形分配器的作用是把来自于加减速电路的一系列进给脉冲指令转换成控制步进电动机定子绕组通、断电的电平信号,电平信号状态的改变次数及顺序与进给脉冲的数量及方向相对应,如对于三相三拍步进电动机,若"1"表示通电,"0"表示断电,A、B、C 是其三相定子绕组,则经环形分配器后,每来一个进给脉冲指令,A、B、C 应按(100) — (010) — (001) — (100)……的顺序改变一次。

环形分配器有硬件环形分配器和软件环形分配器两种形式。硬件环形分配器是由触发器和门电路构成的硬件逻辑电路。现在市场上已经有集成度高、抗干扰性强的 PMOS 和 CMOS 环形分配器芯片供选用,也可以用计算机软件实现脉冲序列分配的软件环形分配器。

5. 功率放大器

功率放大器又称功率驱动器或功率放大电路。从环形分配器来的进给控制信号的电流只有几毫安,而步进电动机的定子绕组需要几安的电流,因此,需要功率放大器将来自环形分配器的脉冲电流放大以提供幅值足够、前后沿较好的励磁电流,足以驱动步进电动机旋转。由于步进电动机绕组是感性负载,因此,步进电动机的功率放大器又有其特殊性,如较大的电感影响快速性、感应电动势带来的功率管保护等问题。

6.2.3 提高开环伺服系统精度的措施

开环系统中,步进电动机的质量、机械传动部分的结构和质量以及控制电路的完善与否,均影响到系统的工作精度。要提高系统的工作精度,应从这几个方面考虑:如改善步进电动机的性能,减小步距角;采用精密传动副,减少传动链中的传动间隙等。但这些因素往往由于结构和工艺的关系而受到一定的限制。为此,需要从控制方法上采取一些措施,弥补其不足。

1. 反向间隙补偿

在进给传动结构中,提高传动元件的制造精度并采取消除传动间隙的措施,可以减小但不能完全消除传动间隙。机械传动链在改变转向时,由于间隙的存在,最初的若干个指令脉冲只能起到消除间隙的作用,造成步进电动机空走,而工作台无实际移动,因此产生了传动误差。反向间隙补偿的基本方法是:事先测出反向间隙的大小并存储,设为 N_d;每当接收到反向位移指令后,在改变后的方向上增加 N_d 个进给脉冲,使步进电动机转动越过传动间隙,从而克服因步进电动机的空走而造成的反向间隙误差。

2. 螺距误差补偿

在步进式开环伺服驱动系统中,丝杠的螺距累积误差直接影响着工作台的位移精度,若想提高开环伺服驱动系统的精度,就必须予以补偿。通过对丝杠的螺距进行实测,得到丝杠全程的误差分布曲线。误差有正有负,当误差为正时,表明实际的移动距离大于理论的移动距离,应该采用扣除进给脉冲指令的方式进行误差补偿,使步进电动机少走一步;当误差为负时,表明实际的移动距离小于理论的移动距离,应该采取增加进给脉冲指令的方式进行误差补偿,使步进电动机多走一步。具体做法是:

①安置两个补偿杆分别负责正误差和负误差的补偿。

②在两个补偿杆上,根据丝杠全程的误差分布情况及如上所述螺距误差的补偿原理,设置补偿开关或挡块。

③当机床工作台移动时,安装在机床上的微动开关每与挡块接触一次,就发出一个误差补偿信号,对螺距误差进行补偿,以消除螺距的积累误差。

6.3　闭环伺服系统

在数控机床上,尤其是在计算机数控机床上,闭环伺服驱动系统由于具有工作可靠、抗干扰性强以及精度高等优点,因而相对于开环伺服驱动系统更为常用。一般闭环伺服系统为双环结构:速度环、位置环。由速度检测装置提供速度反馈值的速度环控制在进给驱动装置内完成,而装在电动机轴上或机床工作台上的位置反馈装置提供位置反馈值构成的位置环由数控装置完成。伺服系统从外部来看,是一个以位置指令为输入和位置控制为输出的位置闭环控制系统。但从内部的实际工作来看,它是先把位置控制指令转换成相应的速度信号后,通过调速系统驱动伺服电动机实现实际位移。

6.3.1　速度环

闭环伺服驱动系统中速度环主要起控制电动机转速的作用。常用的伺服电动机有直流伺服电动机、交流伺服电动机、直线电动机。伺服电动机为数控伺服系统的重要组成部分,是速度和轨迹控制的执行元件。应尽可能减少电动机的转动惯量,以提高系统的快速动态响应;尽可能提高电动机的过载能力,以适应经常出现的冲击现象;尽可能提高电动机低速运行的稳定性和均匀性,以保证低速时伺服系统的精度。

1. 直流伺服电动机及速度控制

直流伺服电动机具有线性调速范围宽、信号响应迅速、无控制电压立即停转、堵转转矩大等特点。永磁式直流伺服电动机作为驱动元件被广泛应用于数控闭环(或半闭环)进给系统中。其转子直径较大、力矩大、转动惯量大,能在较大过载转矩时长时间工作。永磁式直流伺服电动机结构如图 6.10 所示。

定子是由瓦状的永久磁铁制成,转子和普通直流电动机结构相同。工作原理如图 6.11 所示。直流电动机的工作原理是建立在电磁力定律基础上的,由定子产生磁场,转子导体切割磁力线产生电磁转矩,转矩的大小正比于电动机中气隙磁场和电枢电流。

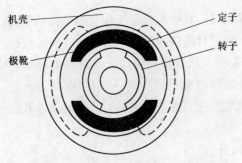

图 6.10　永磁式直流伺服电动机结构

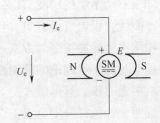

图 6.11　直流伺服电动机工作原理图

电磁转矩为

$$T_M = K_T \Phi I_a \tag{6.3}$$

式中:K_T——转矩常数;

　　　Φ——磁场磁通;

　　　I_a——电枢电流。

转子回路的电压平衡方程式为

$$U_a = I_a R_a + E_a \tag{6.4}$$

式中:U_a——电枢上的外加电压;

　　　R_a——电枢电阻;

　　　E_a——电枢反电势。

电枢反电势与转速之间有以下关系

$$E_a = K_e \Phi n \tag{6.5}$$

式中:K_e——电势常数;

　　　n——电动机转速。

根据以上各式可以得到直流电动机的机械特性:

$$n = \frac{U_a}{K_e \Phi} - \frac{R_a T_M}{K_e K_T \Phi^2} \tag{6.6}$$

由机械特性可知,对于已经给定的直流电动机,要改变它的转速有以下三种方法:一是改变电枢回路电阻,这可通过调节 R_a 来实现;二是改变磁场磁通量 Φ;三是改变外加电压。但前两种调速方法不能满足数控机床的要求,第三种调速方法应用比较广泛。直流伺服电动机速度控制的作用是将转速指令信号(多为电压值)变为相应的电枢电压值,并用晶闸管调速控制或晶体管脉宽调速控制方式来实现。

晶闸管(Thyristor,曾称可控硅,即 SCR)直流调速的结构原理图如图 6.12 所示,包括速度环、电流环。速度环用于速度调节,使系统获得好的静态、动态特性;电流环用于电流调节,使系统的快速性、稳定性得到改善。触发脉冲发生器主要产生移相脉冲,使晶闸管触发角前移或后移,从而调节直流电动机电枢电压的大小。

脉宽调制就是使功率放大器中的晶体管工作在开关状态下,开关频率保持恒定,用调整开关周期内晶体管导通时间的方法来改变输出,以使电动机电枢两端获得宽度随时间变化的电

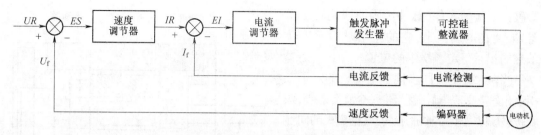

图 6.12　晶闸管直流调速的结构原理图

压脉冲,脉宽的连续变化,使电枢电压的平均值也连续变化,从而达到调节电动机转速的目的。晶体管脉宽调制调速系统主要由电压-脉宽变换器和开关功率放大器两部分组成,如图 6.13 所示。

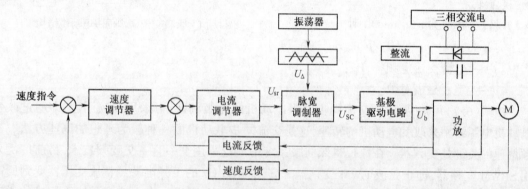

图 6.13　晶体管脉宽调制调速系统

主回路是大功率晶体管开关放大器;控制回路包括速度调节器、电流调节器、固定频率振荡器及三角波发生器、脉宽调制器和基极驱动电路。与晶闸管调速系统比较,速度调节器和电流调节器原理一样,不同的是脉宽调制器和功率放大器。直流脉宽调制中功率放大器中的大功率晶体管工作在开关状态下,开关频率保持恒定,用调整开关周期内晶体管导通时间(即改变基极调制脉冲宽度)的方法来改变输出。从而使电动机获得脉宽受调制脉冲控制的电压脉冲,由于频率高及电感的作用则为波动很小的直流电压(平均电压)。脉宽的变化使电动机电枢的直流电压随着变化。

2. 交流伺服电动机及速度控制

直流伺服电动机具有优良的调速性能,但存在一些固有的缺点,如它的电刷和换向器易磨损,需要经常维护;由于换向器换向时会产生火花,使电动机的最高转速受到限制,也使应用环境受到限制;而且直流电动机的结构复杂,制造困难,所用钢铁材料消耗大,制造成本高。而交流伺服电动机没有上述缺点,且转子惯量较直流电动机小,使得动态响应好。一般来说,在同样体积下,交流伺服电动机的输出功率比直流伺服电动机提高 10% ~ 70%。另外,交流伺服电动机的容量比直流伺服电动机制造得大,可达到更高的电压和转速。20 世纪 80 年代以来,交流调速技术及应用发展很快,打破了“直流传动调速,交流传动不调速”的传统分工格局。交流伺服电动机广泛用在数控机床上,并正在逐步取代直流伺服电动机。

数控机床常用的交流伺服电动机是永磁交流同步伺服电动机,结构如图 6.14 所示,由定子、转子和检测元件三部分组成。电枢在定子上,定子具有齿槽,内有三相交流绕组,形状与普通交流感应电动机的定子相同。电动机外形呈多边形,且无外壳。转子由多块永磁铁和冲片组成,磁场波形为正弦波。转子结构中还有一类是有极靴的星形转子,采用矩形磁铁或整体星形磁铁。检测元件(脉冲编码器或旋转变压器)安装在电动机上,它的作用是检测出转子磁场相对于定子绕组的位置。

当向永磁交流同步伺服电动机的定子三相绕相通上交流电后,就产生一个旋转磁场,该旋转磁场以同步转速 n_0 旋转,根据磁极的同性相斥、异性相吸的原理,定子旋转磁极就要与转子的永久磁铁磁极互相吸引,并带着转子一起旋转。因此,转子也将以转速 n 与定子旋转磁场一起旋转。

设转子转速为 $n(\text{r/min})$,则

$$n = n_0 = 60 f/p \qquad (6.7)$$

式中: f——电源交流电频率,Hz;

p——定子磁极对数。

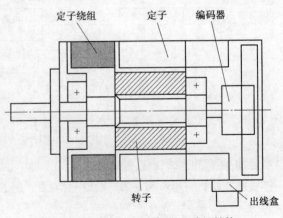

图 6.14   永磁交流同步伺服电动机结构

由式(6.7)可知,要实现交流同步伺服电动机的无级调速,可采用变频调速,即通过改变电动机电源频率来改变电动机的转速,这是交流同步电动机的一种较为理想的调速方法。变频调速的关键是变频器。在数控机床伺服系统中广泛采用交—直—交变频技术,目前广泛采用 SPWM 变频器,即正弦波 PWM 变频器。它先将 50 Hz 的工频电源经整流变压器变到所需的电压后,经二极管整流和电容滤波,形成恒定直流电压,再送入由大功率晶体管构成的逆变器主电路,输出三相频率和电压均可调整的等效于正弦波的脉宽调制波(SPWM 波),去驱动交流伺服电动机运转。SPWM 调制的基本特点是等距、等幅,而不等宽,它的规律总是中间脉冲宽而两边脉冲窄,其各个脉冲面积和与正弦波下面积成比例,脉宽基本上按正弦分布。

SPWM 变频调速系统结构原理图如图 6.15 所示,速度(频率)给定器给定信号,用以控制频率、电压及正反转;平稳启动回路使启动加、减速时间可随机械负载情况设定,以达到软启动的目的;函数发生器是为了在输出低频信号时,保持电动机气隙磁通一定,补偿定子电压降的影响;电压频率变换器将电压转换成频率,经分频、环形计数器产生方波,和经三角波发生器产生的三角波一并送入调制回路;电压调节器和电压检测器构成闭环控制,电压调节器产生频

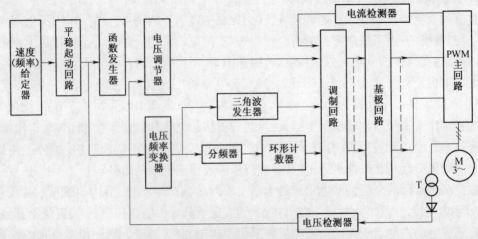

图 6.15   SPWM 变频调速系统结构原理图

率与幅度可调的控制正弦波,送入调制回路;在调制回路中进行 PWM 变换,产生三相的脉冲宽度调制信号;在基极回路中输出信号至功率晶体管基极,对 SPWM 的主回路进行控制,实现对永磁交流伺服电动机的变频调速;电流检测器进行过载保护。

6.3.2　位置环

位置控制与速度控制是紧密相连的,速度环的给定值就是来自位置环的。在数控机床中,位置环的输入数据来自轮廓插补运算,在每个插补周期内 CNC 装置插补运算输出一组数据给位置环,位置环根据速度指令中的要求及各环节的放大倍数(又称增益)对位置数据进行处理,再把处理结果送给速度环,作为速度环的给定值。根据位置比较方式的不同,分为数字脉冲比较伺服系统、相位比较伺服系统、幅值比较伺服系统。

1. 数字脉冲比较伺服系统

数字脉冲比较伺服系统的结构原理图如图 6.16 所示,主要由检测元件及信号处理电路、数字脉冲转换器和伺服驱动执行元件等组成,功能如下所述。

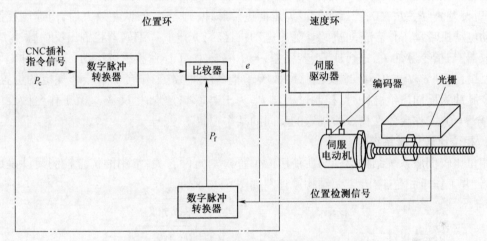

图 6.16　数字脉冲比较伺服系统的结构原理图

CNC 指令信号 P_c:指令信号是由数控装置根据轮廓位置信息通过插补计算得出位移信号,可以是数字脉冲信号,也可以是数字量信号。

反馈测量信号 P_f:反馈测量信号是由测量装置提供的机床位置反馈信号,位置检测装置可以是脉冲编码器和光栅,可以是数字脉冲信号,也可以是数字量信号。

比较器:比较器用于完成指令信号与测量反馈信号比较的环节,比较器的输出反映了指令信号与反馈信号的差值以及差值的方向。将这一输出信号放大后,由速度单元控制执行元件。

在数字脉冲比较系统中,使用的比较器有多种结构,根据其功能可分为两种:一种是数码比较器,另一种是数字脉冲比较器。在数码比较器中,比较的是两个数码信号,而输出可以是定性的,即只指出参加比较的数谁大谁小,也可以是定量的,指出大多少或小多少。现在有许多通用大规模芯片可以完成这个任务,用软件程序实现也很方便。数字脉冲比较器中常采用带有可逆回路的可逆计数器进行工作。在加、减脉冲先后分别到来时,各自按预定的要求经加法计数端或减法计数端进入可逆计数器;若加、减脉冲同时到来时,则先做加法计数,然后经过几个时钟延迟再做减法计数。这样,可保证两路计数脉冲均不会丢失。

数字脉冲转换器:在数字脉冲比较伺服系统中,常用的测量装置是光栅、编码盘和脉冲编码器。光栅和脉冲编码器能提供数字脉冲信号,而编码盘能提供数码信号。由于指令信号和反馈信号不一定适合比较器的需要,因此,在指令信号和比较器之间,以及反馈信号和比较器之间有时需要安装数字脉冲数码转换器。数字脉冲数码转换器是数字脉冲信号与数码信号相互转换的部件。对于数字脉冲转换为数码来说,其最简单的实现方法是采用一个可逆计数器,它将输入的脉冲进行计数,以数码值输出。对于数码转换为数字脉冲来说,常用的有两种方法:第一种方法是采用减法计数器组成的电路;第二种方法是用一个脉冲乘法器,数字脉冲乘法器实质上就是将输入的二进制数码转换为等值的脉冲数输出。

伺服驱动:这部分实质上是速度环和电动机,根据比较器的输出带动工作台移动。

测量元件为光电脉冲编码器的数字脉冲比较伺服系统的工作原理如下:光电编码器与伺服电动机的转轴连接,随着电动机的转动产生脉冲序列输出,其脉冲的频率将随着转速的快慢而升降。最初没有指令脉冲输入时,即 $P_c = 0$ 时,工作台处于静止状态,这时反馈脉冲 $P_f = 0$,经比较器可得偏差 $e = P_c - P_f = 0$,则伺服电动机的速度给定为零,工作台继续保持静止不动。随着指令脉冲的输入,即 $P_c \neq 0$,在工作台尚未移动之前,反馈脉冲仍为零,即 $P_f = 0$,经比较器比较,得偏差 $e = P_c - P_f \neq 0$,若指令脉冲为正向进给脉冲,则 $e > 0$,该偏差放大后,由速度控制单元驱动电动机带动工作台正向进给。随着电动机运转,光电脉冲编码器将输出反馈脉冲 P_f 送入比较器,与指令脉冲 P_c 进行比较,若偏差 $e = P_c - P_f \neq 0$,工作台将继续运动,光电脉冲编码器不断反馈,直到 $e = P_c - P_f = 0$,即反馈脉冲数等于指令脉冲数,工作台停在指令规定的位置上。当指令脉冲为反向进给脉冲时,控制过程与 P_c 为正时基本上类似,只是 $e < 0$,工作台做反向进给,直至 $e = 0$,工作台停在指令所规定的反向的某个位置上。

2. 相位比较伺服系统

相位比较伺服系统结构形式与所使用的位置检测元件有关,常用的位置检测元件是旋转变压器,并工作于相位工作状态,结构原理图如图 6.17 所示。

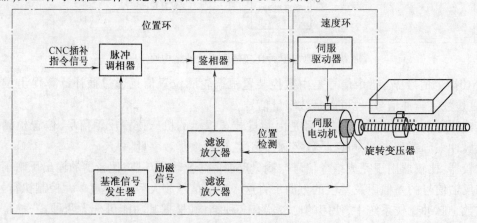

图 6.17 相位比较伺服系统的结构原理图

相位比较伺服系统各组成部分的功能如下:

基准信号发生器:基准信号发生器输出的是一列具有一定频率的脉冲信号,其作用是为伺服系统提供一个相位比较的基准。

脉冲调相器:脉冲调相器的作用是将来自数控装置的插补输出的位置脉冲信号转换为相位变化的信号,该相位变化信号可用正弦信号表示,也可用方波信号表示。若数控装置没有进给脉冲输出,脉冲调相器的输出与基准信号发生器的基准信号同相位,即两者没有相位差。若数控装置有脉冲输出,数控装置每输出一个正向或反向进给脉冲,脉冲调相器的输出将超前或滞后基准信号一个相应的相位角 φ_1。若数控装置输出 N 个正向进给脉冲,则脉冲调相器的输出就超前基准信号一个相位角 $\varphi = N\varphi_1$。

鉴相器:鉴相器的输入信号有两路,一路是来自脉冲调相器的指令信号;另一路是来自检测元件及信号处理线路滤波放大器的反馈信号,它反映了工作台的实际位移量大小。这两路信号都用与基准信号之间的相位差来表示,且同频率、同周期。当工作台实际移动距离不满足进给要求距离时,这两个信号之间便存在一个相位差,相位差的大小代表了工作台实际移动距离与进给要求距离的误差,鉴相器就是鉴别这个误差的电路,它的输出是与此相位差成正比的电压信号。

滤波放大器:鉴相器的输出信号一般比较薄弱,不能直接驱动电动机,滤波放大器的任务就是将鉴相器的输出进行电压、功率放大,滤波放大器的输出与鉴相器的输出成比例。

相位比较伺服系统利用相位比较的原理进行工作。当数控机床的数控装置要求工作台沿一个方向进给时,数控装置便产生一系列进给脉冲,该进给脉冲作为指令脉冲,其数量代表了工作台的指令进给量,其频率代表了工作台的进给速度,其方向代表了工作台的进给方向。进给脉冲首先送入伺服系统位置环的脉冲调相器。假定送入伺服系统 N 个 x 轴正向脉冲,进给脉冲经脉冲调相器变为超前基准信号相位角 $\varphi = N\varphi_1$ 的信号(φ_1 为一个脉冲超前的相位角),该信号代表了进给脉冲,因工作台没有位移,故检测元件及信号处理电路的输出与基准信号同相位,即两者相位差 $\theta = 0$,该信号作为反馈信号也被送入鉴相器,在鉴相器中,指令信号与反馈信号进行比较。由于指令信号和反馈信号都是相对于基准信号的相位变化信号,因此,它们之间的相位差就等于指令信号相对于基准信号的相位差 φ 减去反馈信号相对于基准信号的相位差 θ,即 $\varphi - \theta$。此时,因指令信号相对于基准信号超前了 $N\varphi_1$,即 $\varphi - \theta = N\varphi_1$。鉴相器将该相位差检测出来并作为跟随误差信号,经放大,变为速度控制单元的速度指令输入值,然后由速度控制单元驱动电动机带动工作台运动,使工作台正向进给。工作台正向进给后,检测元件马上检测出此进给位移,并经过信号处理电路转变为超前基准信号一个相位角的信号,该信号被送入鉴相器与指令信号进行比较。若 $\theta \neq \varphi$,说明工作台实际移动的距离不等于指令信号要求的移动距离,鉴相器将 φ 和 θ 的差值检测出来,送入速度控制单元,驱动电动机转动带动工作台进给。若 $\theta = \varphi$,说明工作台移动距离等于指令信号要求的移动距离,此时,鉴相器的输出 $\varphi - \theta = 0$,工作台停止进给。如果数控装置又发出新的进给脉冲,按上述过程继续工作。如果多个坐标进给,只须将每个坐标都配备一套这样的系统即可。

3. 幅值比较伺服系统

幅值比较伺服系统以检测信号的幅值大小来反映机械位移的数值,并依此作为反馈信号。检测元件工作于幅值状态,常用的检测元件是旋转变压器。

工作原理基本类似于闭环相位比较伺服系统,只是比较的量是幅值,而不是相位。

复习思考题

1. 进给伺服系统由哪几部分组成?
2. 进给伺服系统的作用有哪些?
3. 对伺服系统的要求有哪些?

4. 简述开环控制步进式伺服系统的工作原理。

5. 步进电动机驱动线路由哪几部分组成？各部分有何功用？

6. 某开环控制数控机床的横向进给传动结构为步进电动机经齿轮减速后，带动滚珠丝杠螺母，驱动工作台移动。已知横向进给脉冲当量为 0.005 mm/脉冲，齿轮减速比是 2.5，滚珠丝杠基本导程为 6 mm，问三相步进电动机的步距角为多少？若步进电动机转子有 80 个齿，应该采用怎样的通电方式，写出通电顺序。

7. 简述交流伺服电动机的调速原理，实际应用是如何实现的？

8. 变频调速有哪几种控制方式？数控机床常选用哪些方式？

数控机床的机械结构

7.1 数控机床的总体结构

数控机床的机械结构指的是机床本体,是数控机床的主体部分。来自于数控装置的各种运动和动作指令,都必须由数控机床的机械结构转换成真实的、准确的机械运动和动作,才能实现数控机床的功能,并保证数控系统性能的要求。

7.1.1 数控机床机械结构的组成

在数控机床发展的最初阶段,其机械结构与普通机床相比没有多大的变化,随着自动化技术的发展,数控机床在自动变速、刀架和工作台自动转位以及手柄操作等方面做了许多改进和提高,数控机床机械结构由图 7.1 所示部分组成。

图 7.1 数控机床的机械结构

1—机床基础件(包括床身、底座、立柱、滑座、工作台等);2—进给系统;3—主传动系统;4—刀库;
5—辅助装置(如液压、气动、润滑、冷却、防护、排屑等)

数控机床机械结构的基本件有机床基础件、床身、底座、立柱、滑座、工作台等,起支承作用;主传动系统,实现主运动;进给系统,实现进给运动;实现某些部件动作和某些辅助功能的装置,如液压、气动、润滑、冷却、防护、排屑等;还有一些如实现工件回转、分度定位的装置和附件,如回转工作台;刀库、刀架和自动换刀装置(ATC);托盘交换装置(APC);一些特殊功能装置,如刀具破损监测、精度检测和监控装置等。

7.1.2　数控机床机械结构的主要特点

数控机床是高精度、高效率的自动化机床,其加工过程中的动作顺序、运动部件的坐标位置及辅助功能,都是按预先编制的加工程序自动进行的,操作者在加工过程中无法干预,不像在普通机床上加工零件那样,对机床本身的结构和装配的薄弱环节进行人为的调整和补偿。所以,数控机床的机械结构在任何方面均要求比普通机床设计得更为完善,制造得更为精密。数控机床的结构设计已形成自己的独立体系,其结构特点主要有以下几个方面。

1. 高的静、动刚度及良好的抗振性能

机床刚度是指机床抵抗变形的能力。机床在静载荷作用下所表现的刚度称为机床的静刚度;机床在交变载荷作用下所表现的刚度称为机床的动刚度。数控机床要在高速和重负荷条件下工作,机床床身、底座、立柱、工作台、刀架等支承件的变形都会直接或间接地引起刀具和工件之间的相对位移,从而引起工件的加工误差。因此,这些支承件均应具有很高的静、动刚度及良好的抗振性能。提高数控机床结构刚度的措施有:

(1)提高数控机床构件的静刚度和固有频率

合理地进行结构设计,改善受力情况,以减少受力变形。例如,机床的基础大件采用封闭箱形结构;数控车床上加大主轴支承轴径,尽量缩短主轴端部的受力悬伸长度,以减少所受弯矩;采用合理布置的肋板结构,以便在较小的质量下具有较高的静刚度和适当的固有频率;改善构件间的接触刚度和机床与地基连接处的刚度等。

(2)改善数控机床结构的阻尼特性

改善机床结构的阻尼特性,是提高机床动刚度的重要措施。在大件内腔充填泥芯和混凝土等阻尼材料。也可采用阻尼涂层法,即在大件表面喷涂一层有高内阻尼和较高弹性的黏滞弹性材料(如沥青基制成的胶泥减振剂、高分子聚化物和油漆腻子等),涂层厚度愈大,阻尼愈大。采用间断焊缝,也可以改变结合面的摩擦阻尼。间断焊缝虽使静刚度略有下降,但阻尼比大为增加。

(3)采用新材料和钢板焊接结构

长期以来,机床大件材料主要采用铸铁。现部分机床大件已采用新材料代替。主要的新材料是聚化物混凝土,它具有刚度高、抗振好、耐腐蚀和耐热的特点。用丙烯酸树脂混凝土制成的床身,其动刚度比铸铁高6倍。用钢板焊接结构件替代铸铁构件的趋势也在不断扩大,从在单件和小批量生产的重型机床和超重型机床上应用,逐步发展到有一定批量的中型机床。钢板的焊接结构既可以增加静刚度,减小结构质量,又可以增加构件本身的阻尼,因此,近年来在一些数控机床上采用了钢板焊接结构的床身、立柱、横梁和工作台。

2. 良好的热稳定性

机床在切削热、摩擦热等内外热源的影响下,各个部件将发生不同程度的热变形,使工件与刀具之间的相对位置关系遭到破坏,从而影响工件的加工精度。为减少热变形的影响,让机床热变形达到稳定状态,常常要花费很长的时间来预热机床,这又影响了生产率。对于数控机床来说,热变形的影响就更突出。一方面,因为工艺过程的自动化及其精密加工的发展,对机床的加工精度和速度的稳定性提出了越来越高的要求;另一方面,数控机床的主轴转速、进给速度以及切削用量等也大于传统机床的切削用量,而且常常是长时间连续加工,产生的热量也多于传统机床。因此,要特别重视采取措施减少热变形对加工精度的影响。

3. 较高的灵敏度

数控机床通过数字信息来控制刀具与工件的相对运动,它要求在相当大的进给速度范围内都能达到较高的精度,因而运动部件应具有较高的灵敏度。导轨部件通常采用滚动导轨、塑料导轨、静压导轨等,以减少摩擦力,使其在低速时无爬行现象。工作台、刀架等部件的移动,由交流或直流伺服电动机驱动,经滚珠丝杠传动,减少了进给系统所需要的驱动扭矩,从而提高了定位精度和运动平稳度。

数控机床在加工时,各坐标轴的运动都是双向的,传动元件之间的间隙会影响机床的定位精度及重复定位精度,因此,必须采取措施消除进给传动系统中的间隙,如齿轮副、丝杠螺母副的间隙。

近年来,随着新材料、新工艺的普及与应用,高速加工已经成为目前数控机床的发展方向之一。快进速度达到了每分钟数十米甚至上百米,主轴转速达到每分钟上万转甚至十几万转。采用电主轴、直线电动机、直线滚动导轨等新产品、新技术已势在必行。

4. 高效自动化装置、人性化操作

由于数控机床是一种高速、高效机床,在一个零件的加工时间中,辅助时间也就是非切削时间占有较大比重,因此,压缩辅助时间可大大提高生产率。目前,已有许多数控机床采用多主轴、多刀架及自动换刀等装置,特别是加工中心,可在一次装夹下完成多工序的加工,以节省大量装夹换刀的时间。

此种自动化程度很高的加工设备,与传统机床的手工操作不同,其操作性能有新的含义。由于切削加工不需要人工操作,故可封闭和半封闭式加工。有明快、干净、协调的人机界面,尽可能改善操作者的观察,提高机床各部分的交互能力,并安装紧急停车按钮,要留有最有利于工件装夹的位置。将所有操作都集中在一个操作面板上,操作面板要一目了然,不要有太多的按钮和指示灯,以减少误操作。

7.1.3　数控机床的总体布局

数控机床的总体结构布局既满足从机床性能、加工适应范围等内部因素考虑确定各构件间位置,同时亦满足从外观、操作、管理到人机关系等外部因素考虑安排机床总布局。数控机床不同的布局形式给机床工作带来了不同的影响,从而形成不同的特点。

1. 工件形状、尺寸及重量决定机床的布局

图 7.2 所示为数控铣床的布局形式,四种布局方案适应的工件重量、尺寸却不同。其中,图 7.2(a)所示为升降台铣床,适应较轻工件的加工。加工时刀具相对不动,由工件运动完成三个方向的进给运动。图 7.2(b)所示的铣床其铣头在上下方向做垂直进给运动,工作台带动工件做水平方向的进给运动,适应较大尺寸工件的加工。图 7.2(c)所示的铣床适应加工较重工件,工作台做一个方向的进给运动,其他两个方向的运动由铣头在横梁和立柱上运动,实现单坐标进给,多刀同时进行加工,属龙门式铣床。图 7.2(d)所示铣床适应加工更重更大工件,落地铣床,工件放在地上,铣头实现双坐标进给。

2. 不同布局有不同的运动分配及工艺范围

图 7.3 所示为数控镗铣床的三种布局方案。其中,图 7.3(a)所示为主轴立式布置,上下运动,主要对工件顶面进行加工;图 7.3(b)所示为主轴卧式布置,加工工作台上加分度工作台

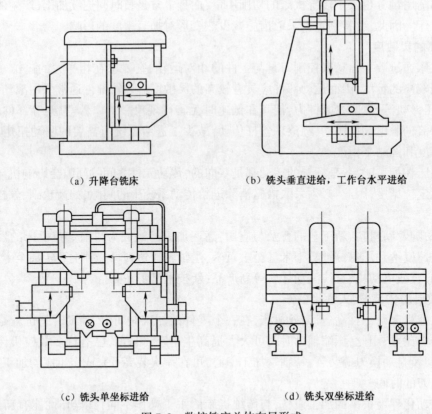

（a）升降台铣床   （b）铣头垂直进给，工作台水平进给

（c）铣头单坐标进给   （d）铣头双坐标进给

图7.2   数控铣床总体布局形式

的配合，可加工工件多个侧面；图7.3（c）在图7.3（b）的基础上再增加一个数控转台，可完成工件上更多内容的加工。

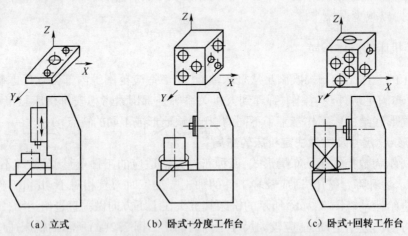

（a）立式   （b）卧式+分度工作台   （c）卧式+回转工作台

图7.3   适合不同运动分配及工艺范围的铣床布局

3. 不同布局有不同的机床结构性能

图7.4所示铣床为T形床身布局，工作台沿前床身方向作X坐标进给运动，在全部行程上工作台均可支承床身，刚性好，提高了承重能力。图7.5所示铣床的工作台为十字形布局，其中主轴箱可以悬挂于单立柱一侧，使立柱受偏载，主轴箱也可以装在框式立柱中间，对称布局，受力后变形小，有利于提高加工精度。

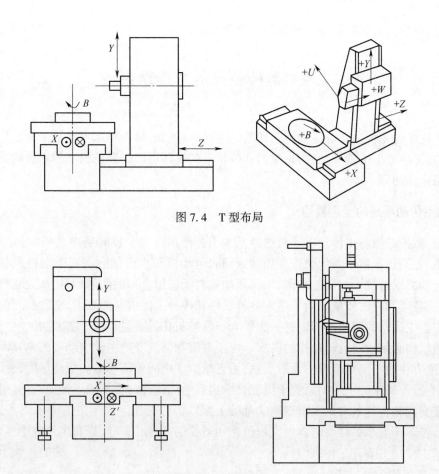

图 7.4 T 型布局

图 7.5 十字形布局

4. 不同布局影响机床操作方便程度

不同的机床布局使机床操作中不少工作(如工件、刀具装卸、切屑清理、加工观察等)方便程度不同。图 7.6 所示为数控车床的三种不同布局方案,其中图 7.6(a)所示为横床身,加工观察与排屑均不易。图 7.6(b)所示为斜床身,排屑较方便。图 7.6(c)所示为立床身,排屑最方便,切屑直接落入自动排屑的运输装置。

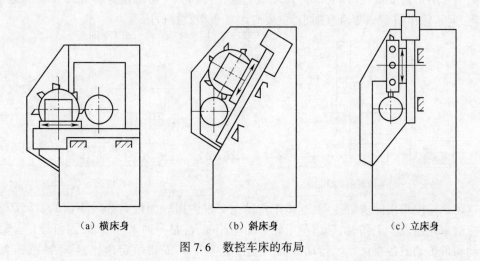

(a)横床身   (b)斜床身   (c)立床身

图 7.6 数控车床的布局

综上,对数控机床布局特点的了解是合理选用机床、操作机床的必备基础。

7.2　数控机床的主传动系统

数控机床的主传动系统是指生产切削的主运动,例如,数控车床上主轴带动工件的旋转运动,立式加工中心上主轴带动铣刀、镗刀和砂轮等的旋转运动。数控机床的主传动是通过主传动电动机拖动的。

7.2.1　主传动系统的变速机构

目前,数控机床的主传动电动机已经基本不再使用普通交流异步电动机和传统的直流调速电动机,它们逐步被新兴的交流变频调速伺服电动机和直流伺服调速电动机代替。数控机床的主运动要求有较大的调速范围,以保证加工时能选用合理的切屑用量,从而获得最佳的生产率、加工精度和表面质量。为了适应各种工件和各种工件材料的要求,自动换刀的数控机床和加工中心主运动的调速范围应进一步扩大。数控机床的变速是按照控制指令自动进行的,因此变速机构必须适应自动操作的要求。由于直流和交流变速主轴电动机的调速系统日趋完善,不仅能方便地实现宽范围的无级变速,而且减少了中间传递环节和提高了变速控制的可靠性,因此在数控机床的主传动系统中更能显示出它的优越性。为了确保低速时的扭矩,有的数控机床在交流和直流电动机无级变速的基础上配以齿轮变速。由于主运动采用了无级变速,在大型数控车床上车斜端面时就可实现恒速切屑控制,以便进一步提高生产效率和表面质量。数控机床主传动主要有三种机构。

1. 变速齿轮传动机构

变速齿轮传动机构通过少数几对齿轮减速,扩大了输出扭矩,以满足主轴对输出扭矩特性的要求,如图 7.7 所示。

这种机构是大、重型数控机床采用较多的一种方式。当然,一部分小型数控机床也采用这种传动方式,以获得强力切削时所需要的扭矩。

2. 皮带轮传动机构

图 7.8 所示为皮带轮传动机构,其传动平稳、结构简单、可以避免齿轮传动时引起的振动与噪声,但是输出扭矩和变速范围小,主要应用在小型数控机床上。

图 7.7　变速齿轮传动机构　　　　图 7.8　皮带轮传动机构

这种结构中常用同步带传动,同步带传动由一根内周表面设有等间距齿的封闭环形胶带和相应的带轮组成。工作时,带齿与带轮的齿槽相啮合,是一种啮合传动,因而具有齿轮传动、链传动和带传动的各自优点。传动准确,平稳,噪声小,可获得恒定速比,且速比范围大,允许线速度高,传动结构紧凑,宜多轴传动。

常用聚氨酯同步带和氯丁橡胶同步带,氯丁橡胶同步带的结构由下列四个部分组成:

(1)玻璃纤维抗拉层

玻璃纤维抗拉层是由多股玻璃纤维组成的绳索,沿胶带宽度螺旋形地绕布在胶带的节线位置,其强度高、伸长小、耐腐蚀和耐热性能良好。

(2)氯丁胶带背

氯丁胶带背将玻璃纤维牢固地黏合在节线位,起着保护抗拉材料的作用,在传动中需要使用带背的场合,可防止由于摩擦而引起的损坏,它比聚氨酯带背更具有优越的耐水解性和耐热性。

(3)氯丁胶带齿

带齿由剪切强度高、硬度适当的氯丁胶组成,需要精密的成型和精确的分布位置才能与带轮的齿槽正确啮合,其齿根要与节线保持规定的距离,弯曲时节距无变化。

(4)尼龙包布层

尼龙包布层是保护胶带的抗摩擦部分,应具有优越的耐磨性,是用摩擦因数小的尼龙布组成。

3. 电动机直接驱动机构

这种传动机构是主轴电动机通过精密联轴器与主轴直接连接,如图 7.9 所示。

图 7.9　电动机直接驱动机构

这种机构结构紧凑、传动效率高,但是主轴输出的转速和扭矩与主轴电动机完全一致,尤其低速性能的改善是其广泛应用的关键。

4. 内装电动机主轴

内装电动机主轴又称电主轴,电动机转子和主轴为一体,如图 7.10 所示。电主轴是最近几年在数控机床领域出现的将机床主轴与主轴电动机融为一体的新技术,它与直线电动机技术、高速刀具技术一起,将会把高速加工推向一个新时代。电主轴是一套组件,它包括电主轴本身及其附件:电主轴、高频变频装置、油雾润滑器、冷却装置、内置编码器、换刀装置,即主轴与电动机转子合为一体,其优点是主轴部件结构紧凑、质量轻、惯量小,可提高启动、停止的响应特性,利于控制振动和噪声。转速高,目前最高可达 200 000 r/min。

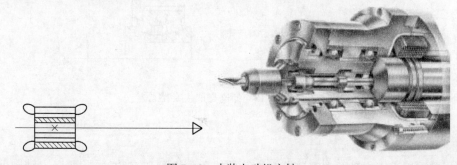

图 7.10　内装电动机主轴

这种机构外壳有进行强制冷却的水槽,中空套筒用于安装各种机床主轴。主轴部件结构紧凑、质量轻、惯量小,振动噪声小、动态响应特性和刚度好。但发热对主轴精度影响较大。内装电动机主轴如图 7.10 所示。主传动方式大大简化了主轴箱体与主轴的结构,有效地提高了主轴部件的刚度。但主轴输出扭矩小,电动机发热对主轴的精度影响较大。

7.2.2 主轴的定位形式

在数控机床中,不论是数控车床、钻床还是铣床,其主轴是最关键的部件,对机床精度起着至关重要的作用。主轴的结构与其需实现的功能相关,加工及装配的工艺性也是影响其形状的因素。主轴端部的结构已标准化,主轴头部的形状相关手册中已有规定。数控机床主轴的定位形式主要有如下三种。

图 7.11 所示结构的前支承采用双列短圆柱滚子轴承和双向推力角接触球轴承组合,后支承采用成对向心推力球轴承。这种结构的综合刚度高,可以满足强力切削要求,是目前各类数控机床普遍采用的形式。

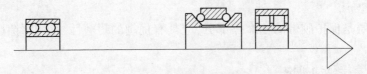

图 7.11　高刚性配置

图 7.12 所示结构的前支承采用双列高精度向心推力球轴承,向心推力球轴承高速时性能良好,主轴最高转速可达 4 000 r/min。后支承采用单个向心推力球轴承。这种配置的高速性能好,但承载能力较小,适用于高速、轻载和精密数控机床。

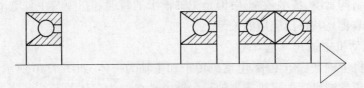

图 7.12　高速度配置

图 7.13 所示结构为前支承采用双列圆锥滚子轴承,后支承为单列圆锥滚子轴承。这种配置的径向和轴向刚度很高,可承受重载荷,但这种结构限制了主轴最高转速和精度,因而仅适用于中等精度、低速与重载的数控机床主轴。

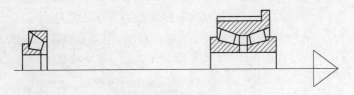

图 7.13　低速与重载配置

7.2.3 数控车床主轴

因为在数控车床主轴两端安装着结构笨重的动力卡盘和夹紧油缸,所以主轴刚度必须进一步提高,并应设计合理的连接端,以改善动力卡盘与主轴端部的连接刚度。卡盘靠前端的短圆锥面和凸缘端面定位,用拔销传递转矩,卡盘装有固定螺栓,卡盘装于主轴端部时,螺栓从凸缘上的孔中穿过,转动快卸卡板将数个螺栓同时拴住,再拧紧螺母将卡盘固定在主轴端部。主轴为空心,前端有莫氏锥度孔,用以安装顶尖或心轴,如图 7.14 所示。

如图 7.15 所示,配置数控车床主轴的轴承时,需成组安装角接触球轴承和成对安装角接触球轴承。轴承的配置方式为:前、后轴承均采用角接触球轴承,前端为 3 个一组的角接触球轴承组;后轴承用 2 个一组的角接触球轴承组。此类轴承配置方式适用于高速、高精度和较高负荷要求的数控车床。如宁江机床厂生产的 CH6140、CH6132、CK6140、CK6132 等数控车床均采用此类主轴轴承的配置方式。

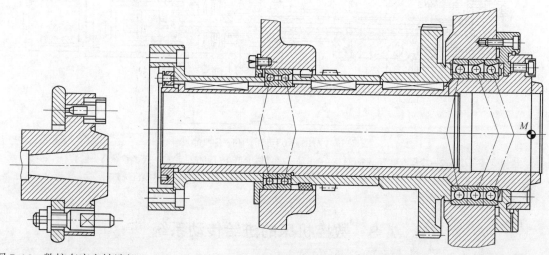

图 7.14 数控车床主轴端部   图 7.15 数控车床主轴结构

7.2.4 数控铣床主轴

对于数控镗床或铣床的主轴,考虑到实现刀具的快速或自动装卸,主轴上还配有刀具自动装卸、主轴准停和主轴孔内切屑的清除装置。

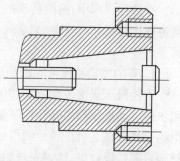

铣、镗类机床的主轴端部如图 7.16 所示,刀或刀杆在前端的锥孔内定位,并用拉杆从主轴后端拉紧,而且由前端的端面键传递转矩。

主轴内部刀具自动夹紧机构是数控机床特别是加工中心的特有机构。图 7.17 所示为 ZHS-K63 加工中心主轴结构部件图。

图 7.16 铣、镗类机床的主轴端部

ZHS-K63 加工中心刀具可以在主轴上自动装卸并进行自动夹紧,其工作原理如下:当刀具装到主轴孔后,其刀柄后部的拉钉便被送到主轴拉杆的前端,在碟形弹簧的作用下,通过弹性卡爪将刀具拉紧。当需要换刀时,电气控制指令给液压系统发出信号,使液压缸的活塞左移,带动推杆向左移动,推动固定在拉杆上的轴套,使整个拉杆向左移动,当弹性卡爪向前伸出一段距离后,在弹性力作用下,卡爪自动松开拉钉,此时拉杆继续向左移动,喷气嘴的端部把刀具顶松,机械手便可把刀具取出进行换刀。装刀之前,压缩空气从喷气嘴中喷出,吹掉锥孔内脏物,当机械手把刀具装入之后,压力油通入液压缸的左腔,使推杆退回原处,在碟形弹簧的作用下,通过拉杆又把刀具拉紧。冷却液喷嘴用来在切削时对刀具进行大流量冷却。

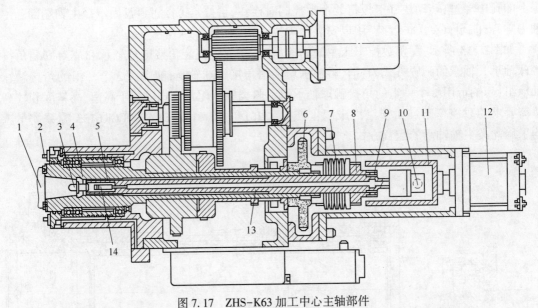

图 7.17 ZHS-K63 加工中心主轴部件

1—刀具；2—冷却液喷嘴；3—拉钉；4—主轴；5—弹性卡爪；6—定位凸轮；7—碟形弹簧；8—轴套；
9—固定螺母；10—旋转接头；11—推杆；12—液压缸；13—拉杆；14—喷气嘴拉杆

7.3 数控机床的进给传动系统

在数控机床中，进给传动的作用是接受数控系统的指令，经放大后作精确定位或按规定的轨迹作严格的相对运动，如直线、斜线、圆弧等，加工出符合要求的零件。数控机床对进给系统的要求如下。

1. 高的传动精度与定位精度

数控机床进给传动装置的传动精度和定位精度对零件的加工精度起着关键性作用，对采用步进电动机驱动的开环控制系统尤其如此。因此，传动精度和定位精度是数控机床最重要也是最具有该类机床特征的指标，无论对点位、直线控制系统，还是轮廓控制系统，这两项精度都很重要。设计中，通过在进给传动链中加入减速齿轮，以减小脉冲当量(即伺服系统接收一个指令脉冲驱动工作台移动的距离)，预紧传动滚珠丝杠，消除齿轮、蜗轮等传动件的间隙等方法，可达到提高传动精度和定位精度的目的。由此可见，机床本身的精度，尤其是伺服传动链和伺服执行机构的精度，是影响工作精度的主要因素。

2. 宽的进给调速范围

伺服进给系统在承受全部工作负载的条件下，应具有很宽的调速范围，以适应各种工件材料、尺寸等变化的需要，工作进给速度范围可达 3~6 000 mm/min(调速范围1∶2 000)。为了完成精密定位，伺服系统的低速趋近速度达 0.1 mm/min；为了缩短辅助时间，提高加工效率，快速移动速度应高达 15 m/min。如此宽的调速范围是伺服系统设计的一个难题。在多坐标联动的数控机床上，合成速度维持常数，是保证表面粗糙度要求的重要条件；为保证较高的轮廓精度，各坐标方向的运动速度也要配合适当。这是对数控系统和伺服进给系统提出的共同要求。

3. 响应速度要快

所谓快速响应特性是指进给系统对指令输入信号的响应速度及瞬态过程结束的迅速程度,即跟踪指令信号的响应速度要快;定位速度和轮廓切削进给速度要满足要求;工作台应能在规定的速度范围内灵敏而精确地跟踪指令,进行单步和连续移动,在运行时不出现丢步或多步现象。进给系统响应速度的大小不仅影响机床的加工效率,而且影响加工精度。设计中应使机床工作台及其传动机构的刚度、间隙、摩擦以及转动惯量尽可能达到最佳值,以提高伺服进给系统的快速响应性。

4. 无间隙传动

进给系统的传动间隙一般指反向间隙,即反向死区误差,它存在于整个传动链的各传动副中,直接影响数控机床的加工精度。因此,应尽量消除传动间隙,减小反向死区误差。设计中可采用消除间隙的联轴节及有消除间隙措施的传动副等来满足要求。

5. 稳定性好、寿命长

稳定性是伺服进给系统能够正常工作的基本条件,特别是要在低速进给情况下不产生爬行,并能适应外加负载的变化而不发生共振。稳定性与系统的惯性、刚性、阻尼及增益等都有关系,适当选择各项参数,并能达到最佳的工作性能,是伺服系统设计的目标,所谓进给系统的寿命,主要是指其保持数控机床传动精度和定位精度的时间长短,即各传动部件保持其原来制造精度的能力。为此,组成进给机构的各传动部件应选择合适的材料及合理的加工工艺与热处理方法,对于滚珠丝杠及传动齿轮,必须具有一定的耐磨性和适宜的润滑方式,以延长其寿命。

6. 使用维护方便

数控机床属高精度自动控制机床,主要用于单件、中小批量、高精度及复杂件的生产加工,机床的开机率相应就高,因而进给系统的结构设计应便于维护和保养,最大限度地减少维修工作量,以提高机床的利用率。

7.3.1 数控机床的进给机械传动原理

数控机床进给系统机械传动原理如图 7.18 所示。

数控机床进给系统机械传动原理图描述了直线进给运动传动链。伺服电动机或步进电动机作驱动源,然后经定比机械传动降速带动丝杠螺母副,丝杠螺母副把旋转运动转换为运动部件

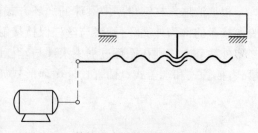

图 7.18 数控机床进给系统机械传动原理

的直线运动,机床上的运动部件均沿着其床身、立柱、横梁等零件上的导轨而运动。数控镗铣床、加工中心的工作台、立柱、主轴箱的平移,数控车床的溜板平移等都是这种传动方式。

7.3.2 滚珠丝杠螺母副

1. 滚珠丝杠螺母副的工作原理和特点

滚珠丝杠螺母副的结构原理示意图如图 7.19 所示。在丝杠和螺母上都有半圆弧形的螺旋槽,当它们套装在一起便形成了滚珠的螺旋滚道。螺母上有滚珠回路管道,将几圈螺旋滚道的两端连接起来构成封闭的循环滚道,并在滚道内装满滚珠。并且在螺母的螺旋槽两端装有挡珠器,回路管道将滚道的两端 a 与 c 圆滑地连接起来,当丝杠旋转时,滚珠在滚道内既自转

又沿滚道循环转动。因而迫使螺母(或丝杠)轴向移动。使滚珠从螺旋滚道 a 端滚出后,沿滚道回路管道重新回到滚道的起始端 c,使滚珠循环滚动。

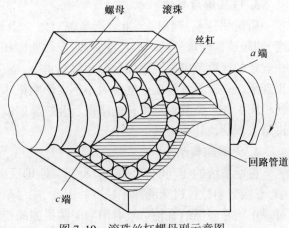

图 7.19　滚珠丝杠螺母副示意图

综上所述,滚珠丝杠螺母副具有以下特点:

①摩擦损失小,机械效率高。滚珠丝杠螺母副的机械传动效率 $\eta=0.9\sim0.96$,比常规滑动丝杠螺母副提高了 $3\sim4$ 倍。

②运动灵敏,低速时无爬行。滚珠丝杠螺母副中滚珠与丝杠和螺母是滚动摩擦,其动、静摩擦因数基本相等,并且很小。

③具有传动的可逆性。既可以将旋转运动转化为直线运动,也可以把直线运动转化为旋转运动。

④使用寿命长。滚珠丝杠螺母副的磨损很小,使用寿命主要取决于材料表层疲劳,而滚珠丝杠螺母副的循环比滚动轴承低,因此使用寿命长。

⑤轴向刚度高。滚珠丝杠螺母副可以完全消除间隙传动,并可预紧,因此具有较高的轴向刚度。同时,反向时无空程死区,反向定位精度高。

⑥制造工艺复杂。滚珠丝杠和螺母的材料、热处理和加工要求相当于滚动轴承,螺旋滚道必须磨削,制造成本高。目前已由专门厂集中生产,其规格、型号已标准化和系列化,这样不仅提高了滚珠丝杠螺母副的产品质量,而且也降低了生产成本,使滚珠丝杠螺母副得到了广泛应用。

2. 滚珠丝杠螺母副的结构形式

根据滚珠丝杠螺母副中滚珠的循环方式进行分类有两种:滚珠在循环过程中有时与丝杠脱离接触的称为外循环;始终与丝杠保持接触的称为内循环。

外循环方式则在循环过程中滚珠与丝杠脱离接触。从结构上看,外循环有三种方式:螺旋槽式、插管式和端盖式。插管式外循环形式如图 7.20 所示。

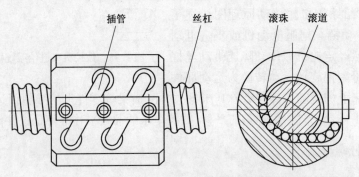

图 7.20　插管式外循环滚珠丝杠螺母副

在螺母体上轴向相隔数个半导程处钻两个孔与螺旋槽相切,作为滚珠的进口与出口,再在螺母的外表面上铣出回珠槽并沟通两孔。插管的两端插入滚珠的进口与出口,用插管的端部引导滚珠进入插管,构成滚珠的循环回路,再用压板和螺钉将插管固定。另外在螺母内进出口处各装一挡珠器,并在螺母外表面装一套筒,这样构成封闭的循环滚道。外循环结构制造工艺简单,使用广泛。其缺点是滚道接缝处很难做得平滑,影响滚珠滚动的平稳性,甚至发生卡珠现象,噪声也较大。

内循环方式指在循环过程中滚珠始终保持和丝杠接触,内循环采用反向器实现滚珠循环,如图7.21所示,

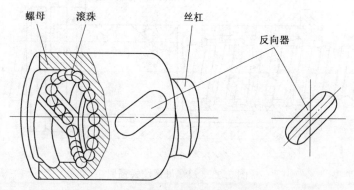

图7.21　内循环滚珠丝杠螺母副

在螺母的侧面孔内装有接触相邻滚道的反向器,反向器为一半圆头平键形镶块,镶块嵌入螺母的切槽中,其端部开有反向槽,用镶块的外廓定位。利用反向器引导滚珠越过丝杠的螺纹顶部进入相邻滚道,形成一个循环回路。内循环方式的优点是滚珠循环的回路短、流畅性好,传动效率高,结构紧凑;但是其缺点是反向器加工困难,装配调整不方便,不能用于多头螺旋传动,不适用于重载传动。

内循环反向器和外循环反向器相比,其结构紧凑,定位可靠,刚性好,且不易磨损,返回滚道短,不易发生滚珠堵塞,摩擦损失小。其缺点是反向器结构复杂,制造较困难,且不能用于多头螺纹传动。

3. 滚珠丝杠螺母副的预紧和消隙结构

在数控机床进给系统中使用的滚珠丝杠螺母副广泛采用双螺母结构,通过两螺母周向限位、轴向相对移动或轴向限位、周向相对转动来消除间隙和调整预紧。通常滚珠丝杠螺母副在出厂时就由制造厂调整好预紧力,预紧力与丝杠螺母副的额定动载荷有一定关系。常用的双螺母预紧消隙方法有:双螺母垫片式、双螺母螺纹式、双螺母齿差式。

双螺母垫片式预紧消隙如图7.22所示,磨削垫片厚度,控制螺母2的轴向位移量,用螺钉紧固并压紧垫片使螺母产生轴向位移,这种预紧结构简单,装卸方便,刚度大,但调整不方便。

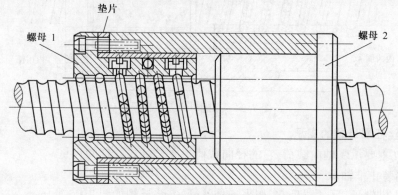

图7.22　双螺母垫片式预紧

图 7.23 所示为利用螺纹来调整实现预紧消隙的结构。两个螺母以平键与外套相连,其中右边一个螺母外伸部分有螺纹。调整端部的调整圆螺母,使螺母相对丝杠产生轴向位移,在消除间隙之后用锁紧螺母锁紧。这种结构既紧凑,工作又可靠、调整也方便,故应用较广。

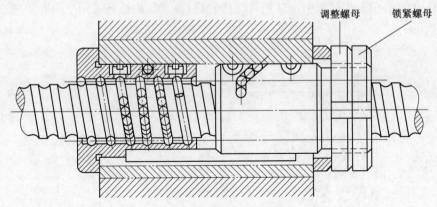

图 7.23　双螺母螺纹式预紧

双螺母齿差式预紧消隙调整结构如图 7.24 所示,在两个螺母的凸缘上分别切出齿数为 Z_1、Z_2 的圆柱齿轮,而且 Z_1 与 Z_2 相差一个齿。两个齿轮分别与两端相应的内齿圈相啮合。内齿圈紧固在螺母座上,预紧时脱开内齿圈,使两个螺母沿同方向各转过相同的齿数,然后再合上内齿圈。预紧螺钉和销钉固定在螺母座的两端,两个螺母的轴向相对位置发生变化从而实现间隙的调整和施加预紧力。如果其中一个螺母转过一个齿时,则其轴向位移量为 $s = t/Z_1$ (t 为丝杠螺距,Z_1 为齿轮齿数)。如两齿轮一个齿时,其轴向位移量 $s = (1/Z_1 - 1/Z_2)t$(Z_2 为另一齿数)。当 $Z_1 = 99$,$Z_2 = 100$,$t = 10$ mm 时,则 $s = 10/9\ 900 = 1\ \mu m$,即两个螺母在轴向产生 $1\ \mu m$ 的位移。这种调整方式精确可靠,但结构尺寸较大、并且过于复杂,适用于高精度的传动机构,数控机床进给传动中用得很多。

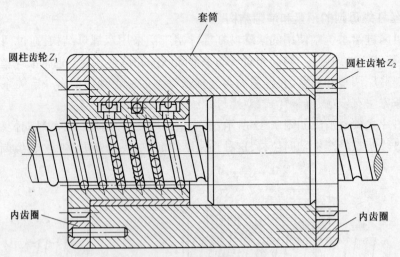

图 7.24　双螺母齿差式预紧

4. 滚珠丝杠螺母副的支承

滚珠丝杠主要承受轴向载荷,它的径向载荷主要是卧式丝杠的自重。

（1）一端装止推轴承

一端装止推轴承,另一端悬空,相当于悬臂梁,安装结构如图 7.25 所示。

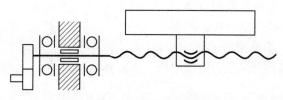

图 7.25　一端装止推轴承

这种安装方式的承载能力小,轴向刚度低,仅适用于短丝杠。如数控机床的调整环节或升降台式铣床的垂直坐标中。

(2)一端装止推轴承,另一端装向心球轴承

一端装止推轴承,另一端装向心球轴承,安装结构如图 7.26 所示。

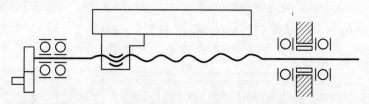

图 7.26　一端装止推轴承,另一端装向心球轴承

这种安装结构适合滚珠丝杠较长时,一端装止推轴承固定,另一自由端装向心球轴承。为了减少丝杠热变形的影响,止推轴承的安装位置应远离热源(如液压马达)及丝杠上的常用段。

(3)两端装止推轴承

两端装止推轴承的安装结构如图 7.27 所示。

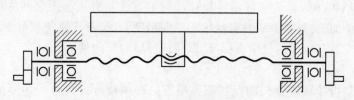

图 7.27　两端装止推轴承

这种结构将止推轴承装在滚珠丝杠的两端,并施加预紧力,有助于提高传动刚度。但这种安装方式对热伸长较为敏感。

(4)两端装止推轴承及向心球轴承

两端装止推轴承及向心球轴承的安装结构如图 7.28 所示。为了提高刚度,丝杠两端采用双重支承,如止推轴承和向心球轴承,并施加预紧力。这种结构方式可使丝杠的热变形转化为止推轴承的预紧力,但设计时要注意提高止推力轴承的承载能力和支架刚度。

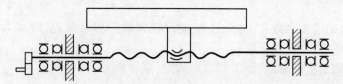

图 7.28　两端装止推轴承及向心球轴承

此外,国外采用一种滚珠丝杠专用轴承,如图 7.29 所示。

这是一种能承受很大轴向力的特殊向心推力滚珠轴承,其接触角加大到 60°。增加了滚珠数目并相应减小了滚珠直径,其轴向刚度比一般推力轴承提高两倍以上,使用时极为方便。

滚珠丝杠螺母副传动效率很高,但不能自锁,用在垂直传动或水平放置的高速大惯量传动中,必须装有制动装置。常用的制动方法有超越离合器、电磁摩擦离合器或者使用具有制动装置的伺服驱动电动机。

滚珠丝杠必须采用润滑油或锂基油脂进行润滑,同时采用防尘密封装置。如用接触

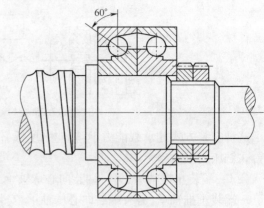

图 7.29　滚珠丝杠专用轴承

式或非接触密封圈,螺旋式弹簧钢带,或折叠式塑性人造革护罩,以防尘土及硬性杂质进入丝杠。

7.3.3　导轨

导轨对运动部件起导向和支承作用,对进给伺服系统的工作性能有重要影响。数控机床进给伺服系统导轨主要是直线型的,回转型导轨在加工中心的回转工作台上也有应用,其工作原理和特点与直线型导轨是相同的。

1. 数控机床对导轨的主要要求

(1)导向精度高

导向精度是指机床的运动部件沿导轨移动时的直线与有关基面之间的相互位置的准确性。无论空载还是加工,导轨都应具有足够的导向精度,这是对导轨的基本要求。各种机床对于导轨本身的精度都有具体的规定或标准,以保证导轨的导向精度。

(2)精度保持性好

精度保持性是指导轨能否长期保持原始精度。影响精度保持性的主要因素是导轨的磨损,此外,还与导轨的结构形式及支承件(如床身)的材料有关。数控机床的精度保持性要求比普通机床高,应采用摩擦系数小的滚动导轨、塑料导轨或静压导轨。

(3)足够的刚度

机床各运动部件所受的外力,最后都由导轨面来承受。若导轨受力后变形过大,不仅破坏了导向精度,而且恶化了导轨的工作条件。导轨的刚度主要决定于导轨类型、结构形式和尺寸大小、导轨与床身的连接方式、导轨材料和表面加工质量等。数控机床的导轨截面积通常较大,有时还需要在主导轨外添加辅助导轨来提高刚度。

(4)良好的摩擦特性

数控机床导轨的摩擦因数要小,而且动、静摩擦因数应尽量接近,以减小摩擦阻力和导轨热变形,使运动轻便平稳,低速无爬行。

此外,导轨结构工艺性要好,便于制造和装配,便于检验、调整和维修,而且有合理的导轨防护和润滑措施等。

2. 滑动导轨

滑动导轨具有结构简单、制造方便、刚度好、抗振性高等优点,是机床上使用最广泛的导轨

形式。但普通的铸铁-铸铁、铸铁-淬火钢导轨,存在的缺点是静摩擦因数大,而且动摩擦因数随速度变化而变化,摩擦损失大,低速(1~60 mm/min)时易出现爬行现象等,降低了运动部件的定位精度。通过选用合适的导轨材料和采用相应的热处理及加工方法,可以提高滑动导轨的耐磨性及改善其摩擦特性,如采用优质铸铁、合金耐磨铸铁或镶淬火钢导轨(进行导轨表面滚轧强化、表面淬硬、涂铬、涂钼工艺处理等)。

贴塑导轨是被广泛用在数控机床进给系统中的一种滑动摩擦导轨。贴塑导轨将塑料基的自润滑复合材料覆盖并粘贴于滑动部件的导轨上,与铸铁或镶钢的床身导轨配用,可改变原机床导轨的摩擦状态。目前,使用较普遍的自润滑复合材料是填充聚四氟乙烯软带。与传统滑动摩擦导轨相比,它的摩擦因数小,动、静摩擦因数差小,低速无爬行,吸振,耐磨,抗撕伤能力强,成本低,黏结工艺简单,加工性和化学稳定性好,并有良好的自润滑性和抗振性,可以使用在大型和重型机床上。

图 7.30 所示为贴塑导轨的结构示意图,图中描述了聚四氟乙烯塑料软带的粘贴尺寸以及粘贴表面加工要求,在导轨面加工出 0.5~1 mm 深的凹槽,通过黏结胶将塑料软带和导轨黏结;

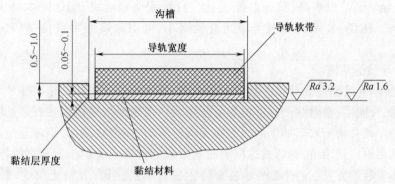

图 7.30　贴塑导轨结构示意图

如图 7.31 所示,滑板和床身之间采用聚四氟乙烯-铸铁导轨副,在滑板的各导轨面,以及压板和镶条也粘贴有聚四氟乙烯塑料软带,满足了机床对导轨的低摩擦、耐磨、无爬行、高刚度的要求。

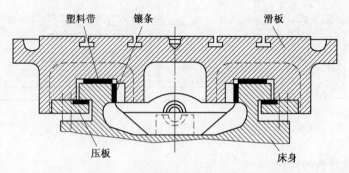

图 7.31　贴塑导轨使用示意图

3. 滚动导轨

滚动导轨是在导轨面之间放置滚珠、滚柱、滚针等滚动体,使导轨面之间的滑动摩擦变成滚动摩擦,特别适用于机床的工作部件要求移动均匀、运动灵敏及定位精度高的场合,因此滚动导轨在数控机床上得到广泛应用。

（1）滚动导轨的类型

①滚珠导轨。这种导轨以滚珠作为滚动体,运动灵敏度好,定位精度高,但其承载能力和刚度较小,一般都需要通过预紧提高承载能力和刚度。为了避免在导轨面上压出凹坑而丧失精度,一般采用淬火钢制造导轨面。滚珠导轨适用于运动部件质量不大,切削力较小的数控机床。

②滚柱导轨。这种导轨的承载能力及刚度都比滚珠导轨大,但对于安装的要求也高,若安装不良,会引起偏移和侧向滑动,使导轨磨损加快、降低精度。目前数控机床,特别是载荷较大的机床,通常都采用滚柱导轨。

③滚针导轨。滚针导轨的滚针比同直径的滚柱长度更长。滚针导轨的特点是尺寸小,结构紧凑。为了提高工作台的移动精度,滚针的尺寸应按直径分组。滚针导轨适用于导轨尺寸受限制的机床上。

④滚动导轨块。滚动导轨块是一种圆柱滚动体的标准结构导轨元件。滚动导轨块安装在运动部件上,工作时滚动体在导轨块和支承件导轨平面不动件之间运动,在导轨块内部实现循环。滚动导轨块刚度高、承载能力强、便于拆卸,它的行程取决于支承件导轨平面的长度,但该类导轨制造成本高,抗振性能欠佳。目前滚动导轨块有 HJG—K 系列和 6192 型两个产品系列。HJG—K 系列的滚子中间直径略小,可用弹簧钢带限位;6192 型两端有滚子限位凸起。

（2）滚动导轨的结构

图 7.32 所示为滚动直线导轨的结构示意图,它是一种单元式标准结构导轨元件,它由导轨、滑块、钢球、反向器、密封端盖及挡板等部分组成。当导轨与滑块做相对运动时,钢球就沿着导轨上经过淬硬并精密磨削加工而成的四条滚道滚动;在滑块端部,钢球通过反向器反向,进入回珠孔后再返回到滚道,钢球就这样周而复始地进行滚动运动。滚动直线导轨在装配平面上采用整体安装的方法,反向器两端装有防尘密封端盖,可有效防止灰尘、屑末进入滑块内部。

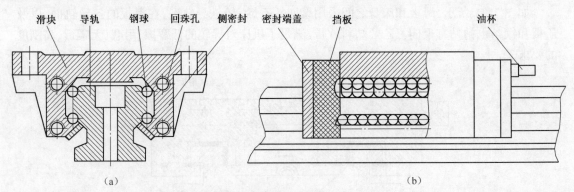

滑块　导轨　钢球　回珠孔　侧密封　密封端盖　挡板　　　　油杯

(a)　　　　　　　　　　　　　　　　　(b)

图 7.32　滚动直线导轨的结构示意图

（3）滚动直线导轨的特点

滚动直线导轨副在大大降低滑块与导轨之间的运动摩擦阻力的同时,还具有如下一些特点:

①动、静摩擦力之差很小,灵敏性极好,驱动信号与机械动作间的滞后时间极短,有利于提高数控系统的响应速度和灵敏度。

②驱动电动机的功率大幅度下降,它实际所需的功率只相当于普通导轨的 1/10 左右,它

与 V 形十字交叉滚子导轨相比,摩擦阻力为 1/40 左右。

③适合于高速、高精度加工机床,它的瞬时速度可比滑动导轨提高 10 倍左右,从而可以实现高定位精度和重复定位精度的要求。

④可以实现无间隙运动,提高进给系统的运动精度。

⑤滚动导轨成对使用时,具有"误差均化效应",降低了基础件(导轨安装面)的加工精度要求,降低了基础件的机械制造成本与难度。

⑥导轨副的滚道截面采用合理比值的圆弧沟槽,接触应力小,承载能力及刚度比平面与钢球点接触时大大提高。

⑦导轨采用表面硬化处理工艺。

⑧导轨内仍保持良好的机械性能,从而使它具有良好的可校性。

⑨滚动导轨对安装面的要求较低,简化了机械结构设计,降低了机床加工制造成本。

4. 静压导轨

静压导轨的滑动面之间开有油腔,将有一定压力的油通过节流器输入油腔,形成压力油膜,浮起运动部件,使导轨工作表面处于纯液体摩擦,不产生磨损,精度保持性好;同时摩擦因数也极低(0.000 5),使驱动功率大大降低;低速无爬行,承载能力大,刚度好。此外,油液有吸振作用,抗振性好。其缺点是结构复杂,要有供油系统,油的清洁度要求高。

静压导轨横截面的几何形状一般有 V 形和矩形两种。采用 V 形便于导向和回油,采用矩形便于做成闭式静压导轨。另外,油腔的结构对静压导轨性能影响很大。由于静压导轨的结构复杂,在数控机床上应用较少。

由于承载的要求不同,静压导轨分为开式和闭式两种。开式静压导轨的工作原理如图 7.33 所示。

油泵启动后,油经滤油器 1 吸入,用溢流阀调节供油压力 P_s,再经滤油器 2,通过节流器降压到 P_r(油腔压力)进入导轨的油腔,并通过导轨间隙向外流出,回到油箱。油腔压力 P_r 形成浮力将运动件浮起,形成一定的导轨间隙 h_0。当载荷增大时,运动件下沉,导轨间隙减小,液阻增加,流量减小,从而油经过节流器时的压力损失减小,油腔压力 P_r 增大,直至与载荷 W 平衡时为止。开式静压导轨只能承受垂直方向的负载,承受颠覆力矩的能力差。

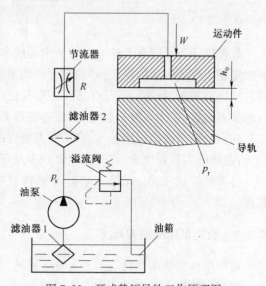

图 7.33　开式静压导轨工作原理图

闭式静压导轨能承受较大颠覆力矩,导轨刚度也较高,其工作原理如图 7.34 所示。

当运动件受到颠覆力矩 M 后,油腔的间隙 h_3、h_4 增大,油腔的间隙 h_1、h_6 减小。由于各相应的节流器的作用,使 P_{r3}、P_{r4} 减小,P_{r1}、P_{r6} 增大,由此作用在运动部件上的力,形成一个与颠覆力矩方向相反的力矩,从而使运动部件保持平衡。而在承受载荷 W 时,则油腔的间隙 h_1、h_4 减小,油腔的间隙 h_3、h_6 增大。由于各相应的节流器的作用,使 P_{r1}、P_{r4} 增大,P_{r3}、P_{r6} 减小,由此形成的力向上,以平衡载荷 W。

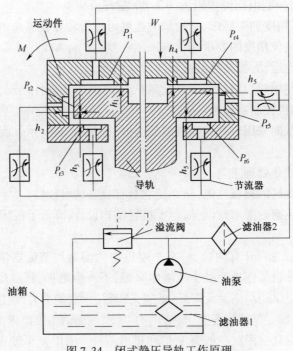

图 7.34　闭式静压导轨工作原理

7.4　数控机床的换刀系统

数控机床为了能在工件一次装夹中完成多种甚至所有加工工序,以缩短辅助时间和减少多次安装工件所引起的误差,必须带有自动换刀装置。数控车床上的回转刀架就是一种简单的自动换刀装置,所不同的是在多工序数控机床出现之后,逐步发展和完善了各类回转刀具的自动换刀装置,扩大了换刀数量,从而能实现更为复杂的换刀操作。

在自动换刀数控机床上,对自动换刀装置的基本要求是:换刀时间短,刀具重复定位精度高,有足够的刀具存储量,刀库占地面积小及安全可靠等。

各类数控机床的自动换刀装置的结构取决于机床的形式、工艺范围及其刀具的种类和数量。

7.4.1　数控车床的换刀系统

数控车床常使用的自动换刀装置是回转刀架换刀。回转刀架是一种最简单的自动换刀装置。根据加工要求可以设计成四方刀架、六角刀架或圆盘式轴向装刀刀架等多种形式。回转刀架上分别安装着 4 把、6 把或更多的刀具,并按数控装置的指令换刀。

回转刀架在结构上必须具有良好的强度和刚度,以承受粗加工时的切削抗力。由于车削加工精度在很大程度上取决于刀尖位置,对于数控车床来说,加工过程中刀具位置不进行人工调整,因此更有必要选择可靠的定位方案和合理的定位结构,以保证回转刀架在每次转位之后,具有尽可能高的重复定位精度(一般为 0.001~0.005 mm)。

一般情况下,回转刀架的换刀动作包括刀架抬起、刀架转位及刀架压紧等。图 7.35 所示为数控车床换刀系统,即六角刀架。

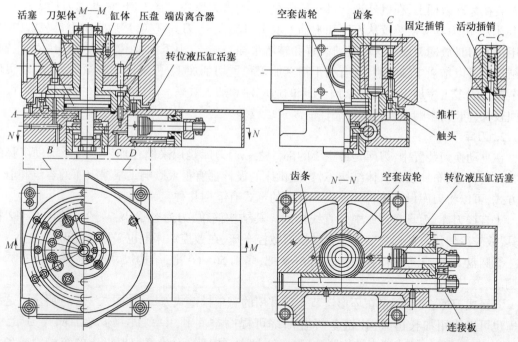

图 7.35 数控车床换刀系统

六角刀架的动作根据数控指令进行,由液压系统通过电磁换向阀和顺序阀进行控制,其工作原理如下:

①刀架抬起:当数控装置发出指令后,压力油由 A 孔进入压紧油缸的下腔,使活塞上升,刀架体抬起,使定位用活动插销与固定插销脱开。同时,活塞杆下端的端齿离合器与空套齿轮结合。

②刀架转位:当刀架体抬起后,压力油从 C 孔进入转位油缸左腔,活塞向右移动,通过连接板带动齿条移动,使空套齿轮连同端齿离合器作反时针旋转 60°,实现刀架转位。活塞的行程应当等于齿轮节圆周长的 1/6,并由限位开关控制。

③刀架压紧:刀架转位后,压力油从 B 孔进入压紧油缸的上腔,活塞带动刀架体下降。缸体的底盘上精确地安装着 6 个带斜楔的圆柱固定插销,利用活动销消除定位销与孔之间的间隙,实现反靠定位。刀架体下降时,定位活动插销与另一个固定插销卡紧。同时缸体与压盘的锥面接触,刀架体在新的位置上定位并压紧。此时,端面离合器与空套齿轮脱开。

④转位液压缸复位:刀架体压紧后,压力油从 D 孔进入转位液压缸的右腔,活塞带动齿条复位。由于此时端齿离合器已脱开,齿条带动齿轮在轴上空转。如果定位、压紧动作正常,推杆与相应的触头接触,发出信号表示已完成换刀过程,可进行切削加工。

7.4.2 加工中心的换刀系统

加工中心的换刀系统由刀库、选刀机构、刀具交换机构及刀具在主轴上的自动装卸机构四部分组成。

1. 换刀系统

如图 7.36 所示,刀库可装在机床的立柱上、主轴箱上或工作台上。当刀库容量大及刀具较重时,也可装在机床之外,作为一个独立部件。

带刀库的自动换刀系统,整个换刀过程比较复杂,首先要把加工过程中用到的全部刀具分别安装在标准刀柄上,在机外进行尺寸预调整后,插入刀库中。换刀时,根据选刀指令先在刀库上选刀,由刀具交换装置从刀库和主轴上取出刀具,进行刀具交换,然后将新刀具装入主轴,将用过的刀具放回刀库。这种换刀装置和转塔主轴头相比,由于机床主轴箱内只有一根主轴,在结构上可以增强主轴的刚性,有利于精密加工和重切削加工;可采用大容量的刀库,以实现复杂零件的多工序加工,从而提高了机床的适应性和加工效率。但换刀过程的动作较多,换刀时间较长,同时,影响换刀工作可靠性的因素也较多。

2. 刀库

在自动换刀装置中,刀库是最主要的部件之一。刀库是用来储存加工刀具及辅助工具的地方。其容量、布局以及具体结构,对数控机床的设计都有很大影响。根据刀库的容量和取刀的方式,可以将刀库设计成各种形式。常见的形式有下列几种:

①直线刀库,刀具在刀库中是直线排列。其结构简单,刀库容量小,一般可容纳 8~12 把刀具,故较少使用。此形式多见于自动换刀数控车床,在数控钻床上也采用过此形式。

②圆盘刀具,此形式储存刀具少则 6~8 把,多则 50~60 把,结构尺寸庞大,与机床布局不协调。

③链式刀库,刀座固定在环形链节上。常用的有单排链式刀库,如图 7.37(a)所示。这种刀库也可以使用加长链条,让链条折叠回绕可提高空间利用率,进一步增加储存刀量,如图 7.37(b)所示。链式刀库结构紧凑,刀库容量大,链环的形状可根据机床的布局制成各种形状。同时也可以将换刀位突出以便于换刀。在一定范围内,需要增加刀具数量时,可增加链条的长度,而不增加链轮直径。因此,链轮的圆周速度(链条线速度)可不增加,刀库运动惯量的增加可不予考虑。这些为系列刀库的设计与制造提供了很多方便。一般当刀具数量在 30~120 把时,多采用链式刀库。

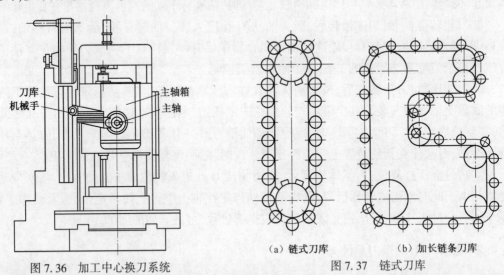

图 7.36 加工中心换刀系统

（a）链式刀库   （b）加长链条刀库

图 7.37 链式刀库

3. 选刀

根据数控装置发出的换刀指令,刀具交换装置从刀库中将所需的刀具转换到取刀位置,称为自动选刀。自动选择刀具通常又有顺序选择和任意选择两种方式。

（1）顺序选择刀具

刀具的顺序选择方式是将刀具按加工工序的顺序,依次放入刀库的每个刀座内。每次换刀时,刀库按顺序转动一个刀座的位置,并取出所需的刀具。已经使用过的刀具可以放回到原来的刀座内,也可以按顺序放入下一个刀座内。采用这种方式的刀库,不需要刀具识别装置,而且驱动控制也比较简单,可以直接由刀库的分度机构来实现。因此刀具的顺序选择方式具有结构简单,工作可靠等优点。但由于刀库中刀具在不同的工序中不能重复使用,因而必须相应地增加刀具的数量和刀库的容量,这样就降低了刀具和刀库的利用率。此外,人工装刀操作必须十分谨慎,如果刀具在刀库中的顺序发生差错,将造成设备或质量事故。

(2)任意选择刀具

这种方式是根据程序指令的要求来选择所需要的刀具,采用任意选择方式的自动换刀系统中必须有刀具识别装置。刀具在刀库中不必按照工件的加工顺序排列,可任意存放。每把刀具(或刀座)都编上代码,自动换刀时,刀库旋转,每把刀具(或刀座)都经过"刀具识别装置"接受识别。当某把刀具的代码与数控指令的代码相符合时,该刀具就被选中,并将刀具送到换刀位置,等待机械手来抓取。

任意选择刀具法的优点是刀库中刀具的排列顺序与工件加工顺序无关,相同的刀具可重复使用。因此,刀具数量比顺序选择法的刀具可少一些,刀库也相应小一些。

任意选择刀具法必须对刀具编码,以便识别。编码方式主要有刀具编码、刀座编码和编码附件。

①刀具编码是采用特殊的刀柄结构进行编码。由于每把刀具都有自己的代码,因此,可以存放于刀库的任一刀座中。这样刀库中的刀具在不同的工序中也就可重复使用,用过的刀具也不一定要放回原刀座中,这对装刀和选刀都十分有利,刀库的容量也可以相应的减少,而且还可避免由于刀具存放在刀库中的顺序差错而造成的事故。

②刀座编码是对刀库中的每个刀座都进行编码,刀具也编码,并将刀具放到与其号码相符的刀座中。换刀时刀库旋转。使各个刀座依次经过识刀器,直至找到规定的刀座,刀座便停止旋转。

③编码附件方式可分为编码钥匙、编码卡片、编码杆和编码盘等,其中应用最多的是编码钥匙。这种方式是先给各刀具都缚上一把表示该刀具号的编码钥匙,当把各刀具存放到刀库中时,将编码钥匙插进刀座旁边的钥匙孔中,这样就把钥匙的号码转记到刀座中,给刀座编上了号码。识别装置可以通过识别钥匙上的号码来选取该钥匙旁边刀座中的刀具。

4. 机械手

在自动换刀数控机床中机械手的形式多种多样,常见的有以下几种形式。

(1)单臂单爪回转式机械手

这种机械手的手臂可以回转不同的角度进行自动换刀,其手臂上只有一个卡爪,不论在刀库上或是在主轴上,均靠这个卡爪来装刀及卸刀,因此换刀时间较长,如图 7.38 所示。

(2)单臂双爪回转式机械手

这种机械手的手臂上有两个卡爪,两个卡爪有所分工。一个卡爪只执行从主轴上取下"旧刀"送回刀库的任务,另一个卡爪则执行由刀库取出"新刀"送到主轴的任务。其换刀时间较上述单爪回转式机械手要少,如图 7.39 所示。

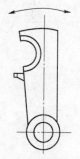

图 7.38 单臂单爪回转式机械手

(3)双臂回转式机械手

这种机械手的两臂上各有一个卡爪,两个卡爪可同时抓取刀库及主轴上的刀具,回转180°后又同时将刀具放回刀库及装入主轴。这种机械手换刀时间较以上两种单臂机械手均短,是最常用的一种形式。图 7.40(b)所示的机械手在抓取或将刀具送入刀库及主轴时,两臂可伸缩。

（4）双机械手

这种机械手相当于两个单臂单爪机械手，它们互相配合进行自动换刀。其中一个机械手从主轴上取下"旧刀"送回刀库，另一个由刀库中取出"新刀"装入机床主轴，如图 7.41 所示。

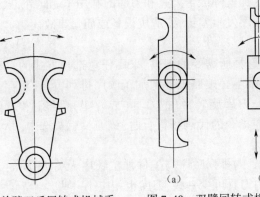

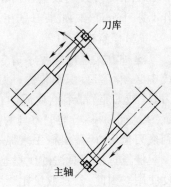

（a）　　　（b）

图 7.39　单臂双爪回转式机械手　　　图 7.40　双臂回转式机械手　　　图 7.41　双机械手

（5）双臂往复交叉式机械手

这种机械手的两手臂可以往复运动，并交叉成一定的角度。一个手臂从主轴上取下"旧刀"送回刀库，另一个手臂由刀库中取出"新刀"装入主轴。整个机械手可沿某导轨直线移动或绕某个转轴回转，以实现由刀库与主轴间的运刀工作，如图 7.42 所示。

（6）双臂端面夹紧式机械手

这种机械手只是在夹紧部位上与前几种不同。前几种机械手均靠夹紧刀柄的外圆表面来抓取刀具，这种机械手则靠夹紧刀柄的两个端面来抓取，如图 7.43 所示。

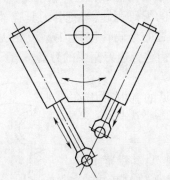

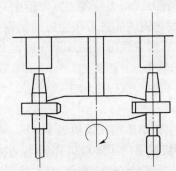

图 7.42　双臂往复交叉式机械手　　　　图 7.43　双臂端面夹紧式机械手

复习思考题

1. 简述数控机床的机械结构特点。
2. 提高机床结构静刚度的方法有哪些？
3. 数控机床主传动系统有哪些组成形式？其特点是什么？
4. 数控机床对进给系统有哪些要求？
5. 滚珠丝杠副消除轴向间隙及预紧的结构形式有哪几种？
6. 什么是加工中心的顺序选刀方式和任意选刀方式？各有什么特点？

第8章

➡ 数控机床与先进制造系统

8.1 数控机床与分布式数控

分布式数控(Distributed Numerical Control,DNC),是计算机与具有数控装置的机床群使用计算机网络技术组成的分布在车间中的数控系统。系统就像一个统一的整体,系统对多种通用的物理和逻辑资源进行整合,可以动态地分配数控加工任务给任一加工设备。是提高设备利用率,降低生产成本的有力手段,是未来制造业的发展趋势。

8.1.1 DNC 的产生和概念

1. 从加工中心说起

什么是加工中心?加工中心(Computerized Numerical Control Machine center,CNC)是由机械设备与数控系统组成的用于加工复杂形状工件的高效率自动化机床。加工中心备有刀库,具有自动换刀功能,是能对工件一次装夹后进行多工序加工的数控机床。

对于目前大多数制造企业来说,投入了自动化设备,意味着设备整体性能的提高,但是,设备整体性能的提高不意味着生产效率有所提高,仅仅依靠设备整体性能提高所带来的效率是非常有限的。只有当制造模式和管理模式发生改变,才能让整体的生产效率得到跨越式的提升。但是制造模式的改变,对制造装备本身又提出了新的要求。

今后制造业发展的趋势是大力发展数字化的制造模式。由互联网技术进行支撑并融合信息技术与机械技术,将生产、销售、技术以及管理各部门的数据在一个网络下流动,实现信息完全共享,并能够缩短产品物料生产准备时间、缩短产品交货时间、提高产品的生产效率、降低产品的成本。正是因为这种发展趋势,在数控设备达到一定数量后,就需要引进管理数控设备的系统软件——DNC 系统。

2. 认识 DNC

DNC 系统的主要功能是实现 CAD/CAM 和计算机辅助生产管理系统集成的纽带,是机械加工自动化的又一种形式。传统的 DNC 系统仅仅能实现程序传输的功能。随着信息化技术的发展,目前的 DNC 系统已经发展为可以集成部分制造执行系统(Manufacturing Execution System,MES)功能的系统软件,具有提供实时收集生产过程中数据的功能,并做出相应的分析和处理,与计划层和控制层进行信息交互,通过企业的连续信息流来实现企业信息全集成的功能。所以说,DNC 系统已经成为制造业企业生产信息化系统中不可缺少的一套系统。通过DNC 系统能够获取最及时、最准确的生产数据。

早期的数控机床是将电子管接入机床的伺服系统作为机床的控制器,利用其布线逻辑实现数控功能,后来利用计算机作为机床控制器,从而形成了计算机数字控制(CNC)。当时主要的数控设备只有容量非常小的磁泡存储设备作为数控程序载体,采用纸带机读取编写的加工程序。而纸带机的误码率、故障率都很高,因此阻碍了 CNC 的充分利用。

在 20 世纪 60 年代,为了减少单台数控机床程序编制和制备纸带的工作量以及工人数量,人们开始用一台中央计算机来控制多台 CNC 机床,在中央计算机中存储多个机床加工的零件数控程序并负责 NC 程序的管理和传送,形成了直接数字控制(Direct Nnmeric Control,DNC)。这样不但避免了计算机数控(CNC)系统中使用纸带,而且可以减少数控系统的设置时间,显著降低机床的准备时间,提高机床利用率。

随着 DNC 技术的不断发展,DNC 的含义也由简单的直接数字控制发展到分布数字控制系统。分布式 DNC 克服了直接式 DNC 的缺点,用一台计算机或多台计算机利用计算机网络向分布在不同地点的多台数控机床实施综合数字控制,传送数控程序,数控程序可以保存在数控机床的存储器中并能独立工作。操作者可以收集、编辑这些程序,而不依赖中央计算机。分布式数字控制除具有直接数字控制的功能外,还具有收集系统信息、监视系统状态和远程控制功能。

DNC 的主要优点是把零件加工程序存入直接数控计算机的存储器后,即可由计算机直接控制机床,在整个加工过程中不需要读带机参与工作,提高了系统的工作可靠性,因为在数控机床的加工过程中有 75% 的故障来源于读带机。一台计算机可以同时控制多台机床,因而能充分发挥计算机的功能。作为直接数控计算机终端的数控或计算机数控机床的台数可随时根据生产任务作相应的增减,并且能使它们同时加工同一种零件,或分别加工不同的零件,提高了系统的柔性,以适应中小批量的生产。加工批量不大,品种规格繁多是现代机械制造业中的一个明显特征,且有不断加强的趋势。在直接数控系统的基础上易于实现柔性制造系统。

8.1.2　DNC 系统的组成

DNC 系统通常具有两级计算机分级结构,即中央计算机和 NC 或 CNC 系统群,DNC 主机从大容量外存中调用零件程序指令,并在需要的时候将它们发送给机床,它也接受从机床反馈的数据。这两路信息流是实时产生的,每台机床对指令的要求几乎是在同时被满足。同样,DNC 主机对多台 NC 系统进行分时控制,分配 NC 程序,还要实现操作指令下达和状态信息反馈等功能,且随时作出响应。DNC 系统的组成如图 8.1 所示。

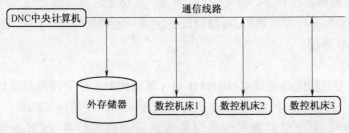

图 8.1　DNC 系统的组成

现在随着技术的发展,出现了多级 DNC 结构,通常为树形结构。底部的能力主要是面向应用的,具有专用能力,用于完成规定的特殊任务。而顶部则具有通用能力,控制与协调整个系统。DNC 系统的结构与系统的规模有关,可能有二、三、四级结构,常用的是二、三级结构。

在多级结构中,最高一级是小型计算机或高档微机,并且包括自动编程语言系统或图形交互编程系统。这一级还承担系统的管理、生产计划和物料需求计划等功能。

中间一级是微型计算机,接收来自上一级系统的信息,也可根据下一级的设备状态,进行任务分解和调度,实时向各个设备分配加工任务及系统状态信息的反馈。

最底层的一级一般是机床数控单元。它接收来自上一级的加工指令和控制信息,实现机床各坐标轴的运动及有关辅助功能的协调工作,也向上一级反馈工况信息,如图 8.2 所示。

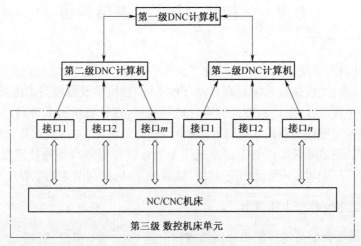

图 8.2　多级 DNC 结构

8.1.3　DNC 系统实施步骤

实施 DNC 系统,需要有相应的规划并且要应用现代化的数控设备和网络化的信息系统,才能达到制造过程数字化的较高水平。首先要具备数字化终端,并且能够实现数据的双向通信。其次,工厂的基础网络能够将所有要建设数字加工中心的位置进行覆盖,能够将自动化生产设备进行有效连接,接入企业的局域网中。同时确保加工中心设备的运转状态以及刀具管理及配送信息掌握的非常准确时,可以进行与 PDM 系统集成,并将程序的编辑、生产作业准备、加工工艺信息、零件信息、配置、文档、CAD 文件、结构、权限等信息进行规范管理。

DNC 系统的实施在技术上难度相对较小,但在企业执行过程中会有一定的阻力,所以在实施 DNC 系统时,需解决以下问题:

1. 设备功能问题

数控机床是 DNC 联网的基础,如果数控设备不具备联网的条件,就不能实施 DNC 系统联网工作。首先要解决的就是程序传输问题,生产部门的加工中心以数控设备为主,数控加工设备包含了目前主流的法拉克、三菱、西门子等数控系统,所有设备均带有 RS232 串口通信接口,通过在每台机床端安装一个串口通信服务器,即可实现通过协议转换的方式将数控机床接入到 DNC 网络中。其他设备带有网络接口卡,能够通过将机床网卡直接与局域网的交换机连接实现机床接入到 DNC 网络中。

2. 生产数据采集

由于加工中心内部设备系统的多样性,因此在实施车间生产数据采集时必然要采用多种技术手段才能完整地采集到各种设备、各个质量管理的受控点的信息。

采集有用的数据,满足生产管理和设备管理的需要。例如,机床的开机、关机、维修等实时信息,供生产管理人员实时监控控制。能自动采集的就自动采集,不能自动采集的就手动采集。例如,机床的开关机信息,无须人工干预,通过检测机床网络状态,就能基本准确地知晓机床实时状态。但对于机床待料、机床维修等机床状态信息,需要通过手工操作的方式进行采集。采集的数据保存在开放的数据库中以供授权的用户调用。即通过 DNC 系统采集到的生产信息数据能够提供给其他系统,如 MES、ERP 等系统使用。

8.2　数控机床与柔性制造系统

近年来,柔性制造系统作为一种现代化工业生产和工厂自动化的先进模式已为国际上所公认,可以这样认为:柔性制造系统是在自动化技术、信息技术及制造技术的基础上,将以往企业中相互独立的工程设计、生产制造及经营管理等过程,在计算机及其软件的支撑下,构成一个覆盖整个企业的完整而有机的系统,以实现全局动态最优化,总体高效益、高柔性,并进而赢得竞争全胜的智能制造系统。柔性制造系统作为当今世界制造自动化技术发展的前沿科技,为未来机械制造工厂提供了一幅宏伟的蓝图,将成为 21 世纪制造业的主要生产模式。

8.2.1　柔性制造系统的产生和概念

1967 年,英国莫林斯公司首次根据威廉森提出的 FMS 基本概念,研制了"系统 24"。其主要设备是六台模块化结构的多工序数控机床,目标是在无人看管条件下,实现昼夜 24 h 连续加工,但最终由于经济和技术上的困难而未全部建成。

1967 年,美国的怀特·森斯特兰公司建成 Omniline I 系统,它由八台加工中心和两台多轴钻床组成,工件被装在托盘上的夹具中,按固定顺序以一定节拍在各机床间传送和进行加工。这种柔性自动化设备适合在少品种、大批量生产中使用,在形式上与传统的自动生产线相似,所以又称柔性自动线。日本、苏联、德国等也都先后开展了 FMS 的研制工作。

1976 年,日本发那科公司展出了由加工中心和工业机器人组成的柔性制造单元(FMC),为发展 FMS 提供了重要的设备形式。柔性制造单元一般由 12 台数控机床与物料传送装置组成,有独立的工件储存站和单元控制系统,能在机床上自动装卸工件,甚至自动检测工件,可实现有限工序的连续生产,适于多品种小批量生产应用。

随着时间的推移,FMS 在技术上和数量上都有较大发展,实用阶段,以由 3~5 台设备组成的 FMS 最多,但也有规模更庞大的系统投入使用。

1982 年,日本发那科公司建成自动化电动机加工车间,由 60 个柔性制造单元(包括 50 个工业机器人)和一个立体仓库组成,另有两台自动引导台车传送毛坯和工件,此外还有一个无人化电动机装配车间,它们都能连续 24 h 运转。

这种自动化和无人化车间,是向实现计算机集成的自动化工厂迈出的重要一步。与此同时,还出现了若干仅具有 FMS 基本特征,但自动化程度不很完善的经济型 FMS,使 FMS 的设计思想和技术成就得到普及应用。

柔性制造系统作为一种新的制造技术,在零件加工业以及与加工和装配相关的领域都得到了广泛应用。"柔性"是相对于"刚性"而言的,传统的"刚性"自动化生产线主要实现单一品种的大批量生产。其优点是生产率很高,由于设备是固定的,所以设备利用率也很高,单件产品的成本低。但价格相当昂贵,且只能加工一个或几个相类似的零件,难以应付多品种中小批量的生产。随着批量生产时代正逐渐被适应市场动态变化的生产所替换,柔性制造系统正是适应了这一市场需求,能在很短的开发周期内,生产出较低成本、较高质量的不同品种产品。

　　FMS 有两个主要特点:柔性和自动化。一个理想的 FMS 应具备 8 种柔性:设备柔性、工艺柔性、产品柔性、工序柔性、运行柔性、批量柔性、扩展柔性和生产柔性。FMS 将"柔性"和"自动"两者结合。

8.2.2　柔性制造系统的组成

　　柔性制造系统由加工、物流、计算机控制(信息流)三个子系统组成,在加工自动化的基础上实现物流和信息流的自动化,如图 8.3 所示。

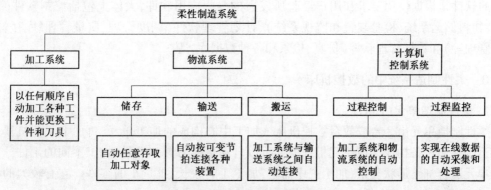

图 8.3　柔性制造系统结构组成

1. 加工系统

　　柔性制造系统采用的设备由待加工工件的类别决定,主要有加工中心、车削中心或计算机数控(CNC)车、铣、磨及齿轮加工机床等,用以自动地完成多种工序的加工。磨损了的刀具可以逐个从刀库中取出更换,也可由备用的子刀库取代装满待换刀具的刀库。车床卡盘的卡爪、特种夹具和专用加工中心的主轴箱也可以自动更换。

2. 物流系统

　　物流系统用以实现工件及工装夹具的自动供给和装卸,以及完成工序间的自动传送、调运和存储工作,包括各种传送带、自动导引小车、工业机器人及专用起吊运送机等。储存和搬运系统搬运的物料有毛坯、工件、刀具、夹具、检具和切屑等;储存物料的方法有平面布置的托盘库,也有储存量较大的巷道式立体仓库。

　　毛坯一般先由工人装入托盘上的夹具中,并储存在自动仓库中的特定区域内,然后由自动搬运系统根据物料管理计算机的指令送到指定的工位。固定轨道式台车和传送滚道适用于按工艺顺序排列设备的柔性制造系统,自动引导台车搬送物料的顺序则与设备排列位置无关,具有较大灵活性。

　　工业机器人可在有限的范围内为 1~4 台机床输送和装卸工作,对于较大的工件常利用托盘自动交换装置(APC)来传送,也可采用在轨道上行走的机器人,同时完成工件的传送和装卸。

3. 计算机控制系统

　　计算机控制系统用以处理柔性制造系统的各种信息,输出控制 CNC 机床和物料系统等自动操作所需的信息。通常采用三级(设备级、工作站级、单元级)分布式计算机控制系统,其中单元级控制系统(单元控制器)是柔性制造系统的核心。

　　柔性制造系统的信息控制系统的结构组成形式很多,比如群控方式的递阶系统。第一级为各个工艺设备的计算机数控装置(CNC),实现过程的控制;第二级为群控计算机,负责把来自第三级计算机的生产计划和数控指令等信息,分配给第一级中有关设备的数控装置,同时把它们的运转状况信息上报给上级计算机;第三级是 FMS 的主计算机(控制计算机),其功能是制订生产作业计划,实施 FMS 运行状态及各种数据的管理;第四级是全厂的管理计算机。

计算机控制系统采用系统软件实现控制,系统软件用以确保柔性制造系统有效地适应中小批量多品种生产的管理、控制及优化工作,包括设计规划软件、生产过程分析软件、生产过程调度软件、系统管理和监控软件。

性能完善的软件是实现柔性制造系统功能的基础,除支持计算机工作的系统软件外,更多数量的软件是根据使用要求和用户经验所发展的专门应用软件,大体上包括控制软件(控制机床、物料储运系统、检验装置和监视系统)、计划管理软件(调度管理、质量管理、库存管理、工装管理等)和数据管理软件(仿真、检索和各种数据库)等。

8.2.3　柔性制造系统中的数控机床

1. 柔性制造单元(FMC)

柔性制造单元由一台或数台数控机床或加工中心构成的加工单元,再加上工业机器人及物料运送存储设备构成。该单元根据需要可以自动更换刀具和夹具,加工不同的工件。柔性制造单元适合加工形状复杂,加工工序简单,加工工时较长,批量小的零件。它有较大的设备柔性,但人员和加工柔性低。

2. 柔性制造系统(FMS)

柔性制造系统是以数控机床或加工中心为基础,通常包括 4 台或更多台全自动数控机床(加工中心与车削中心等),由集中的控制系统及物料搬运系统连接起来,可在不停机的情况下实现多品种、中小批量的加工及管理。柔性制造系统适合加工形状复杂,加工工序多,批量大的零件。其加工和物料传送柔性大,但人员柔性仍然较低。

3. 柔性制造线(FML)

柔性制造线是把多台加工设备,可以是通用的加工中心、CNC 机床;亦可采用专用机床或 NC 专用机床连接起来,配以自动运送装置组成的生产线。该生产线可以加工批量较大的不同规格零件。柔性程度低的柔性自动生产线,在性能上接近大批量生产用的自动生产线;柔性程度高的柔性自动生产线,则接近于小批量、多品种生产用的柔性制造系统。生产线柔性化及自动化,技术已日臻成熟,迄今已进入实用化阶段。

4. 柔性制造工厂(FMF)

FMF 是将多条 FMS 连接起来,配以自动化立体仓库,用计算机系统进行联系,采用从订货、设计、加工、装配、检验、运送至发货的完整 FMS。它包括 CAD/CAM,并使计算机集成制造系统(CIMS)投入实际,实现生产系统柔性化及自动化,进而实现全厂范围的生产管理、产品加工及物料储运进程的全盘化。FMF 是自动化生产的最高水平,反映出世界上最先进的自动化应用技术。它是将制造、产品开发及经营管理的自动化连成一个整体,以信息流控制物质流的智能制造系统(IMS)为代表,其特点是实现工厂柔性化及自动化。

8.3　数控机床与计算机集成制造系统

计算机集成制造系统(Computer Integrated Manufacturing System,CIMS)是随着计算机辅助

设计与制造的发展而产生的,是在信息技术、自动化技术和制造的基础上,通过计算机技术把分散在产品设计与制造过程中各种孤立的自动化子系统有机地集成起来,形成适用于多品种、小批量生产,实现整体效益的集成化和智能化制造系统。同其他具体的制造技术不同,CIMS着眼于从整个系统的角度来考虑生产和管理,强调制造系统整体的最优化,它像个巨大的中枢神经网络,将企业的各个部门紧密联系起来,使企业的生产经营活动更加协调、有序、高效。实践证明,CIMS 的正确实施将给企业带来巨大的经济效益和社会效益。

8.3.1　计算机集成制造系统的产生和概念

计算机集成制造系统最早由美国的约瑟夫·哈林顿博士于 1973 年提出,哈林顿强调,一是整体观点,即系统观点,二是信息观点,二者都是信息时代组织、管理生产最基本、最重要的观点。可以说,CIM 是信息时代组织、管理企业生产的一种哲理,是信息时代新型企业的一种生产模式。按照这一哲理和技术构成的具体实现便是 CIMS。

1987 年我国 863 计划 CIMS 主题专家组认为:"CIMS 是未来工厂自动化的一种模式。它把以往企业内相互分离的技术和人员通过计算机有机地综合起来,使企业内部各种活动高速度、有节奏、灵活和相互协调地进行,以提高企业对多变竞争环境的适应能力,使企业经济效益持续稳步增长。"

1991 年日本能源协会提出:"CIMS 是以信息为媒介,用计算机把企业活动中多种业务领域及其职能集成起来,追求整体效益的新型生产系统。"

1992 年 ISO TC184/SC5/WG1 提出:"CIM 是把人、经营知识和能力与信息技术、制造技术综合应用,以提高制造企业的生产率和灵活性,将企业所有的人员、功能、信息和组织诸方面集成为一个整体。"

1993 年美国 SME 提出 CIM 的新版定义。定义将顾客作为制造业一切活动的核心,强调了人、组织和协同工作,以及基于制造基础设施、资源和企业责任之下的组织、管理生产的全面考虑。

经过十多年的实践,我国 863 计划 CIMS 主题专家组在 1998 年提出的新定义为"将信息技术、现代管理技术和制造技术相结合,并应用于企业产品全生命周期(从市场需求分析到最终报废处理)的各个阶段。通过信息集成、过程优化及资源优化,实现物流、信息流、价值流的集成和优化运行,达到人(组织、管理)、经营和技术三要素的集成,以加强企业新产品开发的 T(时间)、Q(质量)、C(成本)、S(服务)、E(环境),从而提高企业的市场应变能力和竞争能力。"

CIMS 的概念即 CIMS 是利用计算机技术,将企业的生产、经营、管理、计划、产品设计、加工制造、销售及服务等环节和人力、财力、设备等生产要素集成起来,进行统一控制,求得生产活动最优化的思想方法。CIMS 一般由集成工程设计系统、集成管理信息系统、生产过程实时信息系统、柔性制造工程系统及数据库、通信网络等组成,学科跨度大,技术综合性强,它跨越与覆盖了制造技术、信息技术、自动化及计算机技术、系统工程科学、管理和组织科学等学科与专业。早期的 CIMS 研究主要是针对离散工业的,相应的生产体现为决策支持、计划调度、虚拟制造、数字机床、质量管理等,核心技术难题在于计划调度和虚拟制造等。而随着 CIMS 研究的进一步发展,人们将 CIMS 系统集成的思想应用到了流程工业中,也获得了良好的设计效果,而由于流程工业区别与离散工业的特征,使得流程工业 CIMS 技术主要体现在决策分析、计划调度、生产监控、质量管理、安全控制等,其中核心技术难题在于生产监控和质量管理等。

CIMS 是随着计算机辅助设计与制造的发展而产生的。它是在信息技术自动化技术与制造的基础上,通过计算机技术把分散在产品设计制造过程中各种孤立的自动化子系统有机地集成起来,形成适用于多品种、小批量生产,实现整体效益的集成化和智能化制造系统。

8.3.2　CIMS 的组成

根据制造企业的组织结构可将 CIMS 看作一个分层递阶系统,将 CIMS 分成五层:工厂、车间、单元、工作站及设备,如图 8.4 所示。

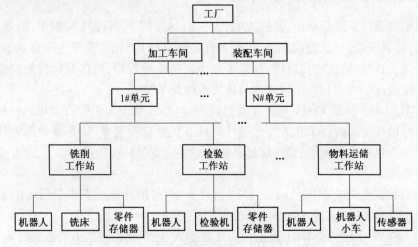

图 8.4　CIMS 的递阶结构

第一层为工厂层,它是决策工厂的整体资源、生产活动和经营管理的最高层。

第二层为车间层,又称区间层,这里的车间并不是目前工厂中的"车间"概念,车间层仅表示它要执行工厂整体活动中的某部分功能,进行资源调配和任务管理。

第三层为单元层,这一层将支配一个产品的加工或装配过程。

第四层为工作站层,将协调站内的一组设备。

第五层为设备层,这是一些具体的设备,如机床、测量机等,将执行具体的加工、装配或测量任务。

按照上述层级原理组成的计算机集成制造系统,一般可看作由管理信息系统、计算机辅助工程系统、生产过程控制和管理系统及物料的储存、运输和保障系统等四个子系统和一个数据库组成的大系统,如图 8.5 所示。

管理信息系统:这是生产系统的最高层次,是企业的灵魂,它将对生产进行战略决策和宏观管理。它根据市场需求和物质供应等信息,从全局和长远的观点出发,通过决策模型来决定投资策略和生产计划。同时,将决策结果的信息和数据,通过数据库和通信网络与各子系统进行联系和交换,对各子系统进行管理。

计算机辅助工程系统:这是企业产品研究的开发系统,并能进行生产技术的准备工作,能根据决策信息进行产品的计算机辅助设计,对零件、产品的使用性能、结构、强度等进行分析计算,利用成组技术的方法对零件、刀具和其他信息进行分类和编码,并在此基础上进行零件加工的计算机辅助工艺设计和编制数控加工程序,以及进行相应的工、夹具设计等生产技术准备工作。

生产过程控制与管理系统:它从数据库中取出由管理信息系统和计算机辅助工程系统中

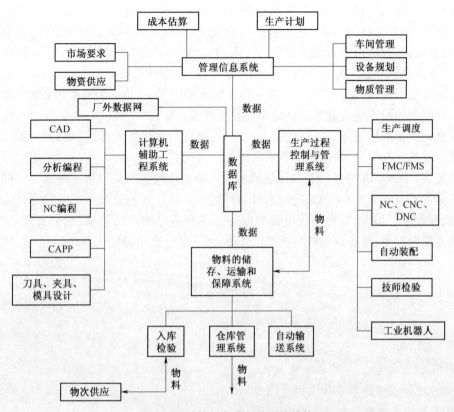

图 8.5　计算机集成制造系统结构

传出的相应的信息数据,对生产过程进行实时控制和管理,并把生产中出现的新信息通过数据库反馈给有关子系统,如产品质量问题、生产统计数据、废次品率等,以便决策机构作出相应的反应,及时调整生产。

　　物料的储存、运输和保障系统:这是组织原材料和配件的供应,成品和半成品的管理与输送及各功能部门与车间之间的物流系统。

　　数据库:计算机集成制造系统中的数据库涉及的部门繁多,含有不同类型、不同逻辑结构和物理结构的数据及不同语言和不同定义等。因此,除各部门经常使用的某些信息可由中央数据库统一管理外,一般都在各部门或地区内建立专用数据库,即在整个系统中建立一个分布式数据库。

8.3.3　我国发展 CIMS 的可能性

　　我国发展 CIMS 的可能性从以下几个阶段分析:首先必须有数控机床,到 1990 年,全国在线运行的 NC 机床为 50 000 台,数控率约为 1.5%;我国从 20 世纪 70 年代就开始使用 CAD/CAM,80 年代中期和联邦德国 MBB 公司合作开发集成的 CAD/CAM 核心软件,"七五"计划期间安排了一大批有关的重大项目;信息管理系统(MIS)及计算机辅助生产管理(CAPM),我国也在 20 世纪 70 年代就已开始,之后发展较快;柔性制造单元/系统(FMC/FMS),80 年代初在密云机床研究所建成了我国第一条 FMS,列入国家"七五"计划,已建成或正在建设的有 10 条,列入地方工业部门计划的还有 10 条左右;我国有不少外向型制造工厂为能承揽国外企业的制造合同,提高产品质量,缩短设计与制造周期,已逐步提出实现 CIMS 的要求。

　　国外发展 CIMS 的经验与教训,有两种不同的途径。其一,制造企业在长期的技术发展过程中从局部要求(如 CAD、CAM、FMS、MIS 等)出发,然后投入巨额资金实现集成;各制造厂家(指提供制造设备、计算机及自动化设备的厂家)建立起一个个"自动化孤岛",如各自制造出各种"自动化孤岛"。其二,制造企业从全局需求出发,在集成系统分析与设计方法指导下,自上而下地制定规划,然后通过带接口的单元技术的逐步应用,一步一步地实现 CIMS;各制造厂家在标准化原则的指导下制造带接口的单元技术产品,为 CIMS 提供一个良好的基础。美国通用汽车公司由于采用的是第一种途径,走了一长段自动化孤岛的道路,在竞争中败给日本,现在反过来要花巨额资金,以便将孤岛集成起来。

　　我国发展 CIMS 的策略是结合我国国情的工厂自动化的道路采取第二种途径。瑞典正在实施一项称为 CIMFUTURA (CIM 的未来)的计划,参加该计划的公司都是瑞典著名的制造企业(包括机械制造、计算机及自动化设备制造等),各有自己的产品领域,为了实现 CIM,他们认为有必要联合起来,使各自的产品能互相连接,而不是一个个自动化孤岛。

复习思考题

1. 什么是 DNC?
2. FMS 的基本定义、组成和功能是什么?
3. FMS 控制系统的组成和主要功能是什么?
4. 什么是计算机集成制造系统?
5. 计算机集成制造系统由哪几部分组成?

参 考 文 献

[1] 董玉红.数控技术[M].北京:高等教育出版社,2006.

[2] 顾京.数控加工编程及操作[M].北京:高等教育出版社,2009.

[3] 于骏一,邹青.机械制造技术基础[M].2版.北京:机械工业出版社,2014.

[4] 何四平.数控机床操作与编程实训[M].北京:机械工业出版社,2006.

[5] 刘力群,陈文杰.数控编程与操作实训教程[M].北京:清华大学出版社,2010.

[6] 魏采乔.数控技术及应用[M].北京:光明日报出版社,2009.

[7] 邓星钟.机电传动控制[M].武汉:华中科技大学出版社,2007.

[8] 梅雪松.机床数控技术[M].北京:高等教育出版社,2013.

[9] 游有鹏,陈蔚芳.机床数控技术及应用[M].北京:科学出版社,2016.

[10] 胡占齐,杨莉.机床数控技术[M].3版.北京:机械工业出版社,2014.